Umbruch in der Chefetage

Wolfgang Zimmermann

Umbruch in der Chefetage

1. Auflage

Haufe Gruppe
Freiburg · München · Stuttgart

Bibliografische Information der Deutschen Nationalbibliothek

Die Deutsche Nationalbibliothek verzeichnet diese Publikation in der Deutschen Nationalbibliografie; detaillierte bibliografische Daten sind im Internet über http://dnb.dnb.de abrufbar.

Print: ISBN 978-3-648-10181-9 Bestell-Nr. 10181-0001
ePub: ISBN 978-3-648-09020-6 Bestell-Nr. 10181-0100
ePDF: ISBN 978-3-648-09021-3 Bestell-Nr. 10181-0150

Wolfgang Zimmermann
Umbruch in der Chefetage
1. Auflage 2016

www.haufe.de
info@haufe.de
Produktmanagement/Redaktion: Gabriele Vogt

Satz: Content Labs GmbH, Bad Krozingen
Umschlag: RED GmbH, Krailling
Druck: BELTZ Bad Langensalza GmbH, Bad Langensalza

Inhaltsverzeichnis

Vorwort

Die Atmosphäre ist angespannt. Dr. Ralf König, Leiter des Bereichs Forschung + Vorentwicklung, spricht vor hochkarätiger Managerrunde und muss sich den Fragen der Anwesenden stellen: »Herr Dr. König, mit welchen Daten haben Sie diese Aussage abgesichert? Wie kommen Sie zu dieser Schlussfolgerung, gerade unter Risikoaspekten? Wie prognostizieren Sie, welche ...« Scheinbar sachliche Fragen, hinter denen sich Emotionen nur mühsam verbergen. Dr. Ralf König, 47 Jahre alt, ist nicht irgendwer. Er ist ein erfahrener Manager, seit vielen Jahren im Unternehmen, trägt Führungsverantwortung für 95 Mitarbeiter und verfügt über ein Budget von 34 Millionen Euro. Wie er mir während einer Coaching-Sitzung berichtete, geriet das Topmanagement-Treffen zum Fanal. Es lief in etwa wie folgt ab:

Drei Stunden sind angesetzt. Auf der Tagesordnung steht die abschließende Präsentation von drei Entscheidungsvorlagen, die für das Unternehmen mit erheblichen Investitionen und weitreichenden strategischen Konsequenzen verbunden sind. Anwesend sind der Entwicklungsvorstand, die leitenden Manager aus dem Bereich Entwicklung und zum Teil die zuständigen Projektleiter: fast alle Naturwissenschaftler, vor allem Ingenieure und Physiker, außerdem ein Betriebswirt. Eine reine Männerrunde. Die wirtschaftliche Großwetterlage – Stichworte sind hier Digitalisierung, Elektromobilität, teilautonomes Fahren, das Auftauchen branchenfremder Wettbewerber – hat in der Vorstandsetage Nervosität und Unsicherheit über den künftigen Kurs des Unternehmens ausgelöst. Dementsprechend groß ist der Druck auf den Bereich Forschung + Entwicklung: In welche Felder soll das Unternehmen verstärkt investieren? Welche Themen sollen vertieft, welche dagegen nicht weiter verfolgt werden? Welche möglichen Kooperationen sollen ins Auge gefasst werden? Mehr Themen als Ressourcen!

Vor diesem Hintergrund präsentiert Dr. König den aktuellen Stand der von ihm verantworteten Projekte. Der Manager ist auf kritische Fragen des Vorstands gefasst, schließlich steht für das Unternehmen viel auf dem Spiel. Durch den Kopf geht ihm ein Gedanke von Niklas Luhmann, den ihm sein Schwager, ein Jurist, neulich sagte, wonach es das günstigste Verhältnis zum Monarchen sei, in leichter Ungnade zu stehen: »Damit kann ich ja ganz gut leben!« denkt er.

Nicht erwartet hat er, dass die Diskussion in ein verdecktes Kesseltreiben ausartet. Das Mienenspiel bleibt kontrolliert-souverän, doch die Herren wetteifern geradezu, durch raffinierte Fragen Lücken in der Argumentation offenzulegen. Anstatt Unsicherheiten einzugestehen, appellieren sie an seine Expertise: »Als Ingenieur müssen Sie doch sagen können ...« Sie verlangen abgesicherte Aussagen auch da, wo das gar nicht möglich ist. Es geht ihnen nicht ums Zuhören, Aufnehmen und Verstehen, sondern allein darum, durch Fragen das herauszubekommen, was ins eigene Bild passt.

Was Herrn Dr. König am meisten schmerzt: Auch sein Vorgesetzter, Dr. Schmittenkamp, stellt bohrende Fragen und setzt ihn unter Druck – gerade so, als hätte man die Dinge vorher nie gemeinsam besprochen. Entgegen aller Argumente, die Herr Dr. König vorgebracht hat, beschließt die Runde schließlich, die ursprünglich vereinbarten Projekttermine und Meilensteine noch einmal nach vorne zu verschieben. Auch hier stellt sich Dr. Schmittenkamp auf die Seite der »Oberen« und lässt seinen Mitarbeiter im Stich.

Ohnmacht – mit diesem Wort lässt sich auf den Punkt bringen, was Dr. König empfand, als er mir die Geschichte wenige Tage später erzählte. »Ich dachte, ich bin im falschen Film«, schloss er seinen Bericht. »Alle waren gegen mich, selbst mein Chef hat sich mit den Anderen verbündet. Und am Ende haben sie mir Vorgaben aufgedrückt, die völlig unrealistisch sind.«

Was war geschehen? Klar ist: Bei der Sitzung ging es um viel, die Entscheidungen waren mit hohen Risiken verbunden. Hinter einer Fassade von Rationalität verbargen sich Angst und Verunsicherung. Man diskutierte scheinbar sachlich, ohne sich einzugestehen, dass die Zukunft ungewiss ist und auch durch noch so kluges Fragen unsicher bleibt. Dieses Verhalten ist typisch für eine Männerkultur in angespannter Lage: Die Herren machen eine Arena auf. Sie kehren ihre Expertise hervor und beißen sich an Details fest, die in der Sache nicht weiterführen. Eine fachlich hochversierte Männerclique, verantwortlich für die Zukunft des Unternehmens und viele tausend Arbeitsplätze, investiert ihre Zeit in fruchtlose Detaildiskussionen.

Die Erfahrungen von Herrn Dr. König sind bezeichnend. Wenn Manager sich gegen unrealistische Vorgaben wehren oder Bestehendes infrage stellen, laufen sie Gefahr, in der Runde isoliert zu werden. Ihre Argumente, dass ein Vorhaben in der geforderten Zeit, mit den vorhandenen Ressourcen oder der vorgesehenen technischen Lösung nicht ausführbar ist, stoßen auf taube Ohren. Schließlich resignieren sie und kommen für sich zu dem Schluss: »Wenn ihr das so haben wollt, drehe ich das halt so hin.« Der VW-Abgasskandal lässt grüßen: Um unrealistische Vorgaben zu erfüllen, erfindet man eine Schummelsoftware.

Die Situation ist paradox. Einerseits sehen sich führende Manager wie Dr. König in Strukturen und Mechanismen gefangen, aus denen ein Ausbrechen unmöglich erscheint. Andererseits fordert man von ihnen, die neuen Herausforderungen unternehmerisch zu meistern. Gefordert werden vordergründig Führungskräfte, die in einer komplexen und schnelllebigen Welt gute Entscheidungen treffen und eine zukunftsfähige Richtung vorgeben. Menschen, die auch dann die Wahrheit sagen, wenn es unbequem ist. Die betriebliche Realität zeigt dann aber, dass eben diese Manager es in hierarchisch geprägten Strukturen schwer haben. Menschen mit Ecken und Kanten stoßen auf Ablehnung – wer sich hingegen anpasst, macht häufig Karriere.

Wo stehen Sie in Ihrer Organisation? Können Sie die Situation von Herrn Dr. König nachempfinden? Es ist höchste Zeit, diese Widersprüche zu überwinden. Andernfalls setzen Sie die eigene Zukunft und die des Unternehmens aufs Spiel. Denken Sie zum Beispiel an die Lage jener VW-Manager, die auf Linie blieben, gegen Gesetze verstießen und dadurch einen Weltkonzern in eine existenzielle Krise stürzten.

Anliegen dieses Buches ist es, Mut zu machen: Es gibt durchaus Wege, die alten Strukturen aufzubrechen und die notwendige Handlungsfähigkeit zurückzugewinnen. Die Frage der zukünftigen Leistungsfähigkeit von Führung wird sich, das ist die zentrale These, daran festmachen, inwieweit es gelingt, dass Männer jenseits der Heldenidee ihre Rolle neu finden und wahrnehmen und zu einer konstruktiven Zusammenarbeit mit den Frauen im Bereich der Top Führung übergehen.

Damit thematisiert das Buch auch speziell die Frage, wie Führung von Frauen oder Männern wahrgenommen wird, gerade auch mit Blick auf die zukünftigen Herausforderungen. An einigen Stellen wird daher explizit zwischen den Geschlechtern differenziert. Ansonsten verwende ich im Sinne einer einfacheren Lesbarkeit häufig die gemeinsam gültige männliche Form. Wenn ich also von Querdenkern, Managern oder Innovatoren spreche, meine ich selbstverständlich auch Querdenkerinnen, Managerinnen und Innovatorinnen. Die Vereinfachung hat allein redaktionelle Gründe, eine Wertung ist damit nicht verbunden. Ganz im Gegenteil – ich lege großen Wert auf Diversität und Gleichbehandlung.

Das Buch richtet sich an Manager, die sich von zu engen Grenzen freimachen und mit guten Argumenten für ihre Überzeugungen und ihre Projekte kämpfen wollen. An Manager, die nicht an vermeintlichen Sicherheiten festhalten, sondern unternehmerisch denken und agieren wollen. Kurzum: an Manager, die ihren Weg in die neue Zeit finden wollen. Ich lade Sie ein, eine Lagebeurteilung vorzunehmen und den Aufbruch zu wagen:

Die Zeit der Heldendämmerung hat begonnen (Teil 1). Neue Spieler tauchen auf – mit der Folge, dass die bislang erfolgreiche »heilige Ordnung der Männer« ins Wanken gerät (Kapitel 1.1). Der klassische Manager findet sich wieder als Gefangener in den Strukturen von Organisation und Karriere (Kapitel 1.2). Er muss erkennen, dass das Zeitalter der Helden zu Ende geht. Das bislang so erfolgreiche männlich dominierte Management stößt an Grenzen (Kapitel 1.3), die herkömmlichen Rollenbilder erweisen sich als nicht mehr zeitgemäß (Kapitel 1.4).

Die skizzierte Entwicklung geht mit grundlegenden Machtverschiebungen einher (Teil 2). Die Verhältnisse in Gesellschaft und Wirtschaft ändern sich (Kapitel 2.1), neue Spielfelder rücken in den Vordergrund, neue Organisationsformen entstehen (Kapitel 2.2). Manager finden sich in einem Umfeld wieder, das eine andere Führungsweise verlangt (Kapitel 2.3).

Um sich in der veränderten Welt zurechtzufinden (Teil 3), braucht es die Rückbesinnung auf einen Anfängergeist (Kapitel 3.1). Es gilt, ein produktives Zusammenspiel von Mann und Frau zu schaffen (Kapitel 3.2), das Kind im Mann wiederzuentdecken (Kapitel 3.3) und den Mut, seine Komfortzone zu verlassen, aber auch das Scheitern in sein Kalkül einzubeziehen (Kapitel 3.4).

Es erwartet Sie ein persönlich gefärbtes Buch. Darin eingegangen sind vielfältige Erfahrungen als Sparringspartner und Coach von Managern und Unternehmern, ebenso Erfahrungen aus eigener Führungsverantwortung in größeren Organisationen – verbunden mit biografischen Höhen und Tiefen. Ich habe bewusst kein wissenschaftliches Fachbuch geschrieben, aber dennoch den Anspruch verfolgt, die Zusammenhänge vor einem stichhaltigen Theoriehintergrund und durch Fakten fundiert darzustellen. Daraus entstand auch die Idee, speziell für dieses Buch eine Studie aufzulegen.

Studie Führung Zukunft

Für die Studie Führung Zukunft wurden im ersten Schritt 50 Führungskräfte aus großen Unternehmen und Institutionen in Deutschland, Österreich und der Schweiz ausgewählt, 68 Prozent davon männliche und 32 Prozent weibliche Führungskräfte. Eingesetzt wurde das DeepFinding-Erhebungs- und Analyseinstrument, das seine Wurzeln in der Repertory-Grid-Technik von George A. Kelly, einem amerikanischen Psychologen, hat. Es wird von extra dafür ausgebildeten Psychologen und Betriebswirten mit systemischer Coaching-Ausbildung angewendet und folgt einer speziellen Erhebungstechnik. Die Durchführung fand computerunterstützt in persönlichen Gesprächen in einer Dauer von 90 bis 120 Minuten statt. Die zentralen Ergebnisse sind den jeweiligen Kapiteln im Buch zugeordnet. Im Anhang sind die methodischen und wissenschaftlichen Hintergründe im Detail erläutert. Die Vorstudie wurde von März bis Juni 2016 durchgeführt und wird bis Dezember 2016 weitergeführt. Es besteht hier für Führungskräfte die Möglichkeit, bei der Fortschreibung der Studie mitzuwirken (siehe Kontaktdaten im Anhang).

Das Schreiben dieses Buches stellte sich als Gratwanderung dar: Auf der einen Seite drohte die Gefahr, zu platt zu sein, einfach nur Anekdotisches zu erzählen – auf der anderen Seite die Gefahr, in die Theorie abzudriften. Mit den folgenden Kapiteln möchte ich Sie auf diesen Grat führen. Sie dürfen sich auf eine anspruchsvolle Bergtour freuen – mit überraschenden Ausblicken in beide Richtungen.

Wolfgang Zimmermann

Teil 1: Heldendämmerung

1.1 Wechselnde Spielfelder

Jeder kann das Steuer halten, wenn die See ruhig ist.
Publius Syrus

Heldentum ist eine der kurzfristigsten Professionen überhaupt.
Will Rogers, US Schriftsteller

Noch immer gilt sie in den meisten Unternehmen als selbstverständlich: die klassische, hierarchisch gegliederte Organisation. Der Begriff »Hierarchie« kommt aus dem Griechischen und bedeutet »heilige Ordnung« oder »heilige Herrschaft«. Nur wenige wagten bislang, diese Ordnung ernsthaft infrage zu stellen.

Doch die Zeiten ändern sich, Unruhe erfasst die Führungsetagen. Neue Akteure tauchen auf, die eigene Spielfelder eröffnen und nach eigenen Regeln spielen. Den geschlossenen Hierarchien großer Konzerne stellen sie offene Systeme entgegen: vernetzt, wendig, kundennah. Der Chef des Autobauers Tesla etwa, Elon Musk, wurde in München dabei beobachtet, wie er in einem Tesla-Laden zwei Stunden lang ernsthaft mit Kunden diskutierte. Eine andere Kultur!

Betrachten wir zunächst die alte Welt, die heilige Ordnung der Männer, um dann – im Kontrast dazu – den Scheinwerfer auf die neuen Spielfelder zu richten.

Die heilige Ordnung der Männer

Hierarchie – heilige Ordnung. Der österreichische Organisations- und Konfliktberater Gerhard Schwarz spricht von »heiliger Ordnung der Männer«[1], sieht er doch in der hierarchischen Ordnung ein männlich geprägtes Ordnungsmuster. Zur Erklärung geht er weit zurück in die menschliche Entwicklungsgeschichte und verweist auf eine Arbeitsteilung, die sich über hunderttausende Jahre eingespielt hat: die Teilung in eine »jagende Männergang« und in ein Lager, das die Kinder, Frauen und Alten beherbergt. Das Leben der Jäger war geprägt durch »Planung und Angriff, Auf-der-Hutsein und Entdeckung, lebenslange Kameradschaft, gewalttätiges Handeln und Gefahr von früh bis spät«.

Die Faszination, die auch heute noch von Männergruppen ausgeht, dürfte in dieser Jagdgruppe ihren Ursprung haben. Sei es im Sport oder im Krieg, in Clubs oder Burschenschaften oder eben in den Führungsetagen vieler Unternehmen – allerorten lässt sich noch immer beobachten: Männer mögen die Männergang. Sehen wir uns dieses Erbe der einstigen Jagdgang, die »heilige Ordnung der Männer«, näher an.

Tief verankertes Universalprinzip

Über- und Unterordnung, oben und unten: Darin liegt das Grundprinzip der Hierarchie. Gerhard Schwarz hat sich eingehend mit der Entstehung der Organisation beschäftigt und die Hierarchie als Universalprinzip ausgemacht. Die heilige Ordnung, so schreibt er, wurde in den Hochkulturen, speziell in Europa, offenbar »als das Universalprinzip verstanden, nach dem viele Dimensionen kulturellen Denkens und Lebens geordnet wurden«.

Tatsächlich begegnet uns das hierarchische Prinzip auf Schritt und Tritt. Oberbegriffe und Unterbegriffe ordnen die Sprache, Arten und Unterarten gliedern die Pflanzen- und Tierwelt. Das hierarchische Prinzip findet sich im Alltag und in den Wissenschaften. Oder in der Religion, mit Gott an der Spitze einer hierarchisch geordneten Welt: unter Gott die Engel, dann die Menschen, dann die Tiere, dann die Pflanzen und schließlich die Steine. Da erscheint es ganz natürlich, ja gottgegeben, dass auch Unternehmen sich nach der »heiligen Ordnung« organisieren.

Das Prinzip wurde aufgegriffen bei Kirche und Militär, dann in der Industrie. Die hierarchische Organisation hat sich über Jahrhunderte als zentraler Steuerungs- und Koordinationsmechanismus bewährt. Unternehmen folgen diesem Prinzip, ebenso Verwaltungen, Armeen, Krankenhäuser, Gefängnisse oder Universitäten. Nicht nur leitende Führungskräfte akzeptieren ganz selbstverständlich die hierarchische Ordnung, sondern auch die Mitarbeiter, deren Funktion es ist, Weisungen von oben entgegenzunehmen und auszuführen.

Bleibt festzuhalten: Die hierarchische Ordnung ist ein tiefsitzendes kulturelles Muster, das sich auch in Unternehmen und anderen Organisationen als fest verankertes Aufbaumerkmal wiederfindet. Das Etablieren und Aufrechterhalten einer funktionstüchtigen Hierarchie galt lange Zeit und gilt auch heute noch als Paradeziel aller gängigen Managementausbildungen.

Management mit Order, Effizienz, Hierarchie und Kontrolle: Das Gesetz des Büros prägt das Leben. Blick ins Larkin Building des Architekten Frank Lloyd Wright, 1905, Buffalo, New York.

Die Herrschaftslogik der heiligen Ordnung

Um die Funktionsweise der hierarchischen Organisation zu verstehen, greifen wir noch einmal auf die Überlegungen von Gerhard Schwarz zurück. Der österreichische Organisationsexperte hat vier Prinzipien ausgemacht, die für eine hierarchische Organisation konstituierend sind[2]:

Vier Prinzipien der hierarchischen Organisation

- **Entscheidungsaxiom**
  In einer Hierarchie gibt es einen zentralen Entscheider, der die letzten Entscheidungen trifft. Soll die Organisation überleben, muss dieser in der Lage sein, richtig zu entscheiden. Diese Überlegung führt zum zweiten Prinzip, dem Wahrheitsaxiom.
- **Wahrheitsaxiom**
  Der zentrale Entscheider kennt die Wahrheit, weiß alles und verfügt damit auch über das Informationsmonopol. So kann er wichtige Entscheidungen richtig treffen und sich ein Image der Unfehlbarkeit aufbauen.
- **Weisheitsaxiom**
  Der zentrale Entscheider verfügt über die sprichwörtliche Weisheit der alten Fürsten und Könige, die kraft ihrer Autorität einen Streit beilegen. Für das Funktionieren einer Organisation ein wesentlicher Aspekt: Ohne eine solche zentrale Autorität sind einzelne Gruppen oft nicht bereit oder in der Lage, den Kampf gegen eine andere Gruppe einzustellen.
- **Dependenzaxiom**
  Das hierarchische System funktioniert nur, wenn sichergestellt ist, dass die Untergebenen ausführen, was von oben vorgegeben wird. Das Dependenzaxiom drückt diese Unterordnung der »Untertanen« aus. Der Einzelne wird zu einem abhängigen Rädchen in einem großen funktionalen Gebilde.

Eine idealtypische hierarchische Organisation funktioniert nur dann, wenn alle vier Prinzipien gleichzeitig erfüllt sind – wenn also derjenige, der entscheidet, zugleich über die Wahrheit verfügt, weise ist und alle anderen von ihm abhängig sind. Mit anderen Worten: Die hierarchische Organisation braucht den Helden, der über allem steht, der alles weiß und allein entscheidet. »Die zentrale Rolle von Hierarchien in Organisationen hat die Entstehung von heroischen Managementansätzen befördert«[3], beobachtet Stefan Kühl, Professor für Soziologie an der Universität Bielefeld – und erinnert an Biografien von Unternehmensführern wie Jack Welch oder Heeresführern wie Dwight D. Eisenhower.

Wer Mitglied einer Organisation werden möchte, muss die Gesetze der Hierarchie akzeptieren. Stefan Kühl spricht hier von einer »Mitgliedschaftsbedingung«, auf der sich Stärke und Stabilität der Hierarchie gründen: »Wenn man in eine Organisation eintritt und dort bleiben möchte, muss man die

Anweisungen seines Vorgesetzten akzeptieren, auch wenn man die Anweisung nicht besonders einsichtig empfindet.«

Auf dieser Mitgliedschaftsbedingung gründet die Schlagkraft der hierarchischen Organisation. Sie ermöglicht es, dass Entscheidungen schnell durchsetzbar sind. Kühl: »Häufig reicht eine kleine Andeutung, manchmal bedarf es aber auch einer Abmahnung durch den Vorgesetzten, um die Organisationsmitglieder daran zu erinnern, dass ihre Mitgliedschaft von Bedingungen abhängt.« Kehrseite der heiligen Ordnung ist somit eine Herrschaftslogik, die Menschen untertan macht und zu Handlungen gegen ihren Willen zwingt.

Angriff auf die heilige Ordnung

Die hierarchische Ordnung, diese seit Jahrhunderten bewährte Organisationsform, gerät in der heutigen Zeit immer mehr in die Defensive. Junge Startups erweisen sich als wendiger und innovativer, alternative Organisationsformen als überlegen. Digitale Techniken führen zur Auflösung klassischer Kommunikationswege. Eine selbstbewusste Generation Y fordert neue Werte ein – und immer mehr Frauen dringen in das männerbeherrschte Management. Die Sprengsätze an die heilige Ordnung der Männer sind gelegt.

Startups: Dynamik aus der Garage

Ortstermin bei einem Startup-Campus in München. Der Besucher betritt eine weite Büroetage, die in zahlreiche verglaste Räume aufgeteilt ist. Zehn Unternehmen sind hier untergebracht, jedes von ihnen in einem dieser Räume, vergleichbar einer Koje. In der Mitte ein großer Schreibtisch. Um ihn sitzen, eng aneinandergedrängt, die Mitarbeiter an ihren Laptops. An schwarzen Wandflächen hängen Papiere oder jemand hat mit Kreide Skizzen und Diagramme gemalt. Hinzu kommen gemeinsam genutzte Räume: Glasboxen, in denen Besprechungen stattfinden, ein verwaister Raum mit Tischtennisplatte, eine große Küche.

Symbol der Lockerheit: Tischtennisplatte im Incubator 2015

In den gemeinsamen Bereichen begegnen sich Gründer, Praktikanten, temporäre Projektbeteiligte, Aushilfen. Wer gehört da zu wem? Dem uneingeweihten Besucher bietet sich ein wildes Durcheinander. Er spürt, dass diese Menschen anders ticken, als er es aus seinem Umfeld gewohnt ist. Sicher, auch ein Startup hat seinen Verantwortlichen und seine eigenen Mitarbeiter. Doch die klassische Hierarchie ist außer Kraft gesetzt. Man schaut sich über die Schulter, redet miteinander, inspiriert sich wechselseitig. Ist vernetzt in alle Richtungen. Tauscht Probleme und Ideen aus. Auch mit Kollegen aus anderen Unternehmen.

Was sich hier abspielt, ist der Versuch, die Metapher von der Gründung »aus der Garage heraus« in eine neue, lebendige Form zu gießen. Entstanden ist eine Architektur, die anstelle von Über- und Unterordnung das soziale Zusammenwirken fördert. Man will es den legendären Garagengründern gleichtun: Eine Gruppe unterschiedlicher Menschen findet sich zusammen, bringt einen Prototypen an den Markt und nutzt das Feedback zur Grundlage für die nächsten Schritte. Ohne lange Abstimmungen. Eine Dynamik entsteht, von der hierarchisch organisierte Konzerne nur träumen können.

Lange Zeit haben die Protagonisten in den Konzernetagen die jungen Verrückten belächelt. Das änderte sich, als einige von ihnen anfingen, etablierte Geschäftsmodelle ins Wanken zu bringen. »Disruptive Innovation« lautet seitdem das Schreckenswort. Schumpeters »kreative Zerstörung«, die bislang eher im Ruf einer fernen volkswirtschaftlichen Theorie stand, geriet zur realen Bedrohung.

Beispiel Fintechs

Ein Beispiel sind die »Fintechs«, jene Startups, die mit ihren neuartigen Internet- und Softwarelösungen den Etablierten der Finanzbranche das Fürchten lehren. Die Süddeutsche Zeitung berichtete im Sommer 2015 über eine Finanztagung in Frankfurt, bei der ein junger Firmengründer auf die Bühne trat und sein Startup vorstellte: »Was er den versammelten Bankmanagern, Vorstands- und Aufsichtsratsmitgliedern zu sagen hatte, war dreist: Weil ihr in euren Banktürmen den Wandel verschlaft, so ungefähr ging seine Rede, werden wir Fintechs euch überrollen – so wie Amazon den Buchhandel überrollt hat. Manch einer im Publikum war empört, mancher nachdenklich und mancher beides.«[4]

Nachdenklich stimmen sollte auch der Niedergang der großen Energiekonzerne. Über Jahre hatten sie an alten Technologien festgehalten und die innovativen Neulinge der Solar- oder Windenergie ignoriert. Bis es zu spät war. Inwieweit die klassischen Autohersteller den Anschluss schaffen, ist offen: Vor wenigen Jahren noch bespöttelten sie den Tesla oder das fahrerlose Auto von Google, heute zollen sie der neuen Konkurrenz höchsten Respekt.

Inzwischen versuchen die bedrängten Konzerne, selbst in die Szene einzusteigen. Sie züchten eigene Startups in Inkubatoren oder mieten ganze Büroetagen an, um einen unternehmenseigenen Startup-Campus zu schaffen. Die Deutsche Bahn etwa ließ im Bahntower in Berlin gleich zwei Etagen räumen. Ebenfalls in Berlin eröffnete die Deutsche Bank ihr »Innovation Lab«, das Startups mit den verschiedenen Geschäftsbereichen der Bank verknüpfen soll.

Die Großen, so zeigen diese Aktivitäten, wollen »von den Ideen der kleinen Herausforderer lernen«[5]. Startups werden als Muster gehandelt, um flexibler zu agieren und disruptive Innovationen zu managen. Zudem besteht die leise Hoffnung, dass die Kultur der jungen Gründer ein Stückweit abfärbt und langsam in den eigenen Organisationsalltag eindringt.

Aus all dem lässt sich schließen: Die Herren in den Chefetagen werden sich der Unzulänglichkeit etablierter Strukturen zunehmend bewusst. Getrieben von der Unruhe bis hin zur Angst, im Wettbewerb zu unterliegen, stellen sie selbst die Schlagkraft der heiligen Ordnung infrage – und versuchen, den Gegner mit dessen Waffen zu schlagen.

Neue Organisationsformen: Netzwerke und demokratische Wahlen

Der große Held an der Spitze, der das Unternehmen sicher in die Zukunft führt: Dass dieses Bild nicht mehr zeitgemäß ist, dass es heute vielmehr darauf ankommt, die Mitarbeiter verstärkt einzubeziehen und mit in die Pflicht zu nehmen – davon ist auch Marc Stoffels, CEO der Haufe-umantis AG, überzeugt: »Die Mitarbeiter wissen heute oft eher als das Management, wohin die Reise gehen soll – was möglicherweise das nächste ‹big thing' werden könnte. Sie sind näher an den Kunden und Märkten und können Nachfrage- und Produktentwicklungen häufig besser einschätzen.«[6]

Um dieses Wissen zu nutzen, davon ist der CEO überzeugt, müssen Unternehmen den Mut haben, ihre bestehenden Strukturen zu hinterfragen – »selbst wenn diese Strukturen die letzten Jahre Basis ihres Erfolgs waren«. Der Gedanke ist nicht neu, doch wie Haufe-umantis auf diese Erkenntnis reagierte, machte bundesweit Schlagzeilen:

Beispiel

Der IT-Spezialist für Talent-Management-Lösungen hat sich als »demokratisches Unternehmen« konstituiert. In demokratischen Wahlen bestimmen die rund 200 Mitarbeiter ihre obersten Führungskräfte. Gemeinsam mit dem Management erarbeiten sie jährlich bei einem zweitägigen Strategiemeeting die Strategie des Unternehmens und legen die Aufgaben für das kommende Geschäftsjahr fest. Das Unternehmen behält hierarchische Strukturen bei, hat aber in Bereichen, bei denen es auf kreatives und innovatives Denken ankommt, besondere Freiräume geschaffen. Stoffels: »Bei uns gibt es jetzt Mitarbeiter, die unter starker Führung arbeiten, genauso wie Teams, die als agiles Netzwerk fungieren.«[7]

Agiles Netzwerk – gemeint ist damit eine flexible Organisationsform, in der eigenverantwortliche, unternehmerisch denkende Mitarbeiter tätig sind. Das Management vertraut hier der Fähigkeit der Mitarbeiter, die Anforderungen des Marktes erkennen zu können und in eigener Verantwortung umzusetzen. Haufe-umantis hat sich somit eine Organisationsform gegeben, die je nach Bedarf zwischen starr und agil variieren kann. Wo es in der Ausführung auf Effizienz ankommt und daher klar vorgegebene Abläufe angebracht sind, kommt die starre Top-Down-Struktur zum Zuge. Agile Strukturen finden sich hingegen in Bereichen wie Forschung oder Marketing, wo Innovation, schnelle Reaktion auf Marktveränderungen oder das Entwickeln neuer Geschäftsmodelle entscheidend sind.

Ein Unternehmen wie Haufe-umantis steht für neue Organisationsformen, die das hierarchische Organisationsprinzip zumindest teilweise infrage stellen. Managementvordenker bringen Schlagworte wie »grenzenlose Organisation«, »Agilität« oder »fluide Organisation« in die Diskussion, was im Kern darauf hinausläuft, dass sich feste Strukturen in Netzwerken auflösen. Manche dieser Vorschläge mögen da ein bisschen überzogen sein, aber Tatsache bleibt: Es entstehen neue Organisationsformen, die sich vom hierarchischen Aufbau einer Organisation entfernen.

So vielfältig und unüberschaubar die Ansätze sind, steht doch hinter allen Initiativen die Absicht, etwas Besseres zu schaffen als die bestehende »heilige Ordnung der Männer«. Man möchte die Ressourcen erschließen, die in klassischen Linienorganisationen mit ihren schwerfälligen Hierarchien brachliegen. Es geht um das Wissen in den Köpfen der Mitarbeiter und um die Potenziale ihrer Zusammenarbeit.

Digitalisierung: Grenzen lösen sich auf

Kein Tag vergeht, an dem nicht über Themen wie Internet der Dinge, Arbeit 4.0, Mobile Marketing oder Online-Handel 2.0geschrieben und diskutiert wird. Ob bei Verbandstreffen, Politikeransprachen, Kongressen oder Foren – der digitale Wandel bewegt die Gemüter. Dabei zeigt sich vor allem eines: Es ist eine janusköpfige Entwicklung.

Beispiel Arbeitsplätze: Einerseits knüpfen sich an die neuen Arbeitsformen der »Arbeit 4.0« große Hoffnungen, andererseits besteht die Befürchtung, dass Roboter Menschen als Arbeitskraft ersetzen. Einerseits sprengt die Digitalisierung die Grenzen traditioneller Organisationen, sorgt für Transparenz, baut Herrschaftswissen ab und fördert eigenverantwortliches Arbeiten. Andererseits entsteht eine virtuelle Arbeitswelt, bei der ein Großteil der Tätigkeiten in die Cloud ausgelagert ist. Menschen arbeiten außerhalb der traditionellen Arbeitswelt, grenzüberschreitend und schlecht bezahlt – »frei schwebend in der Wolke«, wie der Spiegel einmal titelte.

Nicht weniger zwiespältig erscheint der digitale Wandel in der Produktion. Einerseits gilt die »Industrie 4.0« als besondere Stärke der deutschen Unternehmen. Andererseits wird davor gewarnt, dass sich branchenfremde Plattformanbieter zwischen Hersteller und Endkunden schieben und die Hersteller zu austauschbaren Zulieferern degradieren. Anbieter wie Amazon, AirBnB oder Uber machen es vor: Sie besitzen keine Produkte, steuern aber das Geschäft zwischen Hersteller und Endkunde. Geschickt nutzen sie vorhandene Daten, um Produkte, Prozesse und Dienstleistungen zu »Smart Services« zu verknüpfen.

Ein drittes Beispiel für die Janusköpfigkeit, nunmehr unmittelbar bezogen auf unser Thema: Auf der einen Seite entstehen Organisationen, in denen Hierarchien zugunsten flexibler Netzwerkstrukturen in den Hintergrund treten. Mitarbeiter vernetzen sich, können vermehrt mitwirken und mitbestimmen, Macht und Verantwortung werden verteilt. Auf der anderen Seite sind Internetgiganten wie Apple, Amazon oder Alphabet entstanden. Sie zeichnen sich ebenfalls durch hohe Innovationsfähigkeit aus, konzentrieren jedoch an der Spitze die geballte Macht von Finanzen und Strategie. Das operative Geschäft ist dezentral organisiert, die Steuerung hingegen erfolgt – wie der frühere Telekom-Vorstand Thomas Sattelberger formuliert – »nach feudalistischen Prinzipien«. Während vergleichsweise wenige Stamm-Mitarbeiter als Kernmannschaft das Know-how des Unternehmens sichern, übernehmen »austauschbare Arbeitsnomaden oder Satelliten«[8] die operativen Tätigkeiten.

Noch lässt sich nicht absehen, wohin der digitale Wandel führt und welche Organisationsformen am Ende vorherrschen. Klar erscheint jedoch: Die heilige Ordnung der Männer zählt zu den Verlierern. In Zeiten, in denen jedes einfache Smartphone die Fähigkeiten eines Computers besitzt, lässt sich nicht verhindern, dass Mitarbeiter sich vernetzen und gegenseitig informieren. Und das ohne Rücksicht auf Abteilungs- und Hierarchiegrenzen. Damit jedoch fällt das Informationsmonopol der Unternehmensspitze. Grenzen lösen sich auf, wesentliche Prinzipien der »heiligen Ordnung« werden außer Kraft gesetzt.

Generation Y: Einzug der neuen Werte

Die Generation Y – das sind die heute 25- bis 30-Jährigen. Selbstbewusste Frauen und Männer, die mit dem Internet aufgewachsen sind und ganz eigene Vorstellungen ins Berufsleben mitbringen. Wie eigen, davon weiß der Geschäftsführer und Inhaber eines mittelständischen Unternehmens zu berichten.

Beispiel

Der Mann leitet ein innovatives, durchaus noch junges Unternehmen. Doch mit den Y-Leuten hatte er seine liebe Not. Das Unternehmen liegt im ländlichen Raum, ziemlich weit weg von der nächsten Großstadt. Nur mühsam und gegen gute Bezahlung gelang es, für die FuE-Abteilung die notwendigen Mitarbeiter zu rekrutieren. Der Geschäftsführer war froh, als er seine Mannschaft endlich beisammen hatte: etwa 80 Mitarbeiter – Ingenieure, Physiker, querbeet gemischt. Mit diesen Leuten, so hoffte er, würde er das Innovationstempo halten und seine ehrgeizigen Ziele erreichen.

Womit er nicht gerechnet hatte: Schon nach wenigen Wochen artikulierte ein Großteil der neu eingestellten Mitarbeiter zusätzliche Wünsche. Die Firma hatte keinen Betriebsrat und es gab niemanden, der die Forderungen in einem Gesamtpaket bündelte. So sprachen die Aufmüpfigen alle einzeln vor, jeder mit seinen Wünschen, die sich im Tenor jedoch glichen: Man brauche mehr Zeit für private Aktivitäten, für die Familie oder fürs Mountainbike-Fahren. Einige Mitarbeiter forderten ein Homeoffice, andere verlangten, die Arbeitszeiten zu reduzieren oder zumindest flexibler zu gestalten. Weniger Anwesenheit, weniger Arbeitszeit – 80 Prozent als neue Norm!

Der Geschäftsführer und mit ihm der FuE-Leiter fielen aus allen Wolken. Sie waren fest davon ausgegangen, die jungen Nachwuchskräfte würden sich mit dem Unternehmen identifizieren und voll engagieren. Nun mussten sie erkennen: Mitarbeiter der »Generation Y« setzen die Prioritäten anders. Ihre Loyalität zum Arbeitgeber ist begrenzt. Ehrgeizige Ziele, ein mitreißendes Leitbild und eine innovative Kultur beeindrucken sie nicht.

Verärgert und enttäuscht wies der Geschäftsführer die Forderungen zurück. Nachvollziehbar legte er dar, dass die Unternehmensziele andernfalls nicht erreichbar seien. Die Mitarbeiter indes ließen diese Argumente kalt und der Konflikt eskalierte. Erst als der Geschäftsführer einlenkte, die Anliegen der Mitarbeiter ernst nahm und einen guten Teil der Forderungen erfüllte, kehrte der Arbeitsfrieden zurück. Eine harte Lektion in Sachen »Generation Y«!

In Zeiten des Fachkräftemangels, so zeigt der Fall, wissen gute Leute um ihren Marktwert und verstehen es, ihre Interessen durchzusetzen. Der Krieg der Talente, so scheint es, ist entschieden, die Talente haben gewonnen. Zugleich – und das irritiert viele Vorgesetzte noch weit mehr – bringen die Y-Leute andere Wertvorstellungen mit ins Unternehmen: Ihnen ist wichtig, dass Arbeit und Privatleben sich gut verbinden lassen. Sie sind es gewohnt, über soziale Netze am Geschehen zu partizipieren und wollen diese Form des Austauschs nicht am »Werktor« abgeben. Vor allem aber wollen sie ihren Weg selbst bestimmen. Sie fragen nach dem Sinn und kommen zu dem Schluss, dass es der Aufstieg in der Hierarchie nicht sein kann. Die klassische Karriere ist für sie »einfach nicht mehr cool«, wie es das manager magazin auf den Punkt brachte.

Die Generation Y, so lässt sich folgern, stellt die heilige Ordnung infrage. Junge Leute, die mit sozialen Medien wie Facebook und Xing aufgewachsen sind, erwarten vergleichbare Kommunikationsformen an ihrem Arbeitsplatz. Dienstwege und hierarchische Rücksichtnahmen empfinden sie als ineffizient und aus der Zeit gefallen.

Wo sich die bestehende Kultur und Mentalität der Mitarbeiter derart widersprechen, sind die Folgen absehbar: Im besseren Fall schaffen sich die jungen Mitarbeiter eigene Strukturen, eine Art Schattenorganisation, über die sie kommunizieren und wichtige Entscheidungen vorbereiten. Die offizielle Organisation wird von innen her ausgehebelt und verliert an Bedeutung. Im schlechteren Fall resignieren die Mitarbeiter und verlassen das Unternehmen. Ausgerechnet die besten, die das Unternehmen voranbringen könnten, gehen wieder verloren.

Generation Y: Worauf Sie sich einstellen müssen

»Was ist Ihnen an Ihrer beruflichen Tätigkeit wichtig?« Danach hat die Beraterfirma Signium International zusammen mit dem Zukunftsinstitut von Matthias Horx Hochschulabsolventen kurz vor oder nach ihrem Berufseintritt gefragt. Demnach sollten sich Personalverantwortliche auf folgende Anforderungen einstellen (511 Befragte, Zustimmung in Prozent):

- Gute Arbeitsatmosphäre und Zusammenarbeit im Team (90)
- Der Beruf erscheint mir persönlich sinnvoll und erfüllend (87)
- Gute Planung, erfüllbare Ziele (82)
- Gute Vereinbarkeit von Beruf und Familie (81)
- Es ist ein sicherer Arbeitsplatz, der mir Planbarkeit bietet (81)
- Es ist ein abwechslungsreicher Job (78)
- Ich lerne sehr viel, kann mich weiterbilden (75)
- Ich kann selbstständig arbeiten, es gibt flache Hierarchien (72)
- Flexible Arbeitszeiten und die Möglichkeit, auch mal von zu Hause aus zu arbeiten (71)
- Dass sich alle an die Regeln halten (67)
- Ich kann kreativ sein und mich selbst verwirklichen (66)
- Gutes Image des Unternehmens (65)
- Ich kann mein Arbeitsumfeld individuell gestalten (63)
- Ich bin auf Augenhöhe mit meinen Führungskräften (59)
- Ich habe wenig Stress und viel Freizeit/Urlaub (58)
- Klare Führung nach klaren Regeln (58)
- Ein überdurchschnittlich hoher Verdienst (55)[9]

Zwei Entwicklungen treffen aufeinander und ergeben eine brisante Mischung, die keineswegs nur die High-Tech-Firmen betrifft, sondern ebenso klassische Branchen wie etwa den Handel: Zum einen sind qualifizierte Nachwuchskräfte knapp, es gilt im Wettbewerb um die besten Talente zum Zuge zu kommen. Gleichzeitig fordern die rar gewordenen Nachwuchskräfte Werte ein, die im Widerspruch zur bestehenden Kultur stehen. Letztlich bleibt in dieser Situation nur die Möglichkeit, die eigene Kultur an die veränderten Erwartungen anzupassen. Wo aber Vernetzung und Partizipation zu zentralen Werten werden, steht die heilige Ordnung der Männer auf ziemlich verlorenem Posten.

Frauen: Auf leisen Sohlen ins Management

»Ladies, start your engines!«, hieß es einmal in einer Anzeige für Porsche-Autos. Die Frauen starten durch – und erschüttern die heilige Ordnung der Männer. Das mag auf den ersten Blick übertrieben klingen, bekanntlich ist das weibliche Geschlecht in Führungspositionen noch weit unterrepräsentiert. Dennoch ist unverkennbar: Auf leisen Sohlen haben Frauen in den letzten 20 bis 25 Jahren immer mehr Terrain wettgemacht.

Frauen drängen in die Wissenschaft, Frauen haben alle Achttausender bezwungen, Frauen machen Karriere beim Militär, Frauen studieren Maschinenbau – in den Ingenieurwissenschaften an der RWTH Aachen beispielsweise machen sie bereits ein Viertel der Studierenden aus. Auch in Toppositionen machen sie Schlagzeilen: Mary Barra ist Chefin von General Motors, Marissa Mayer leitet Yahoo, mit Sylvie Matherat und Kim Hammonds zogen zwei Frauen in den Vorstand der Deutschen Bank. Volkswagen holte sich 2015 von Daimler Christine Hohmann-Dennhardt und berief sie zur Vorstandsfrau für Recht und Integrität. Die Liste ließe sich fortsetzen.

Gehaltsrückstände, Diskussion um die Frauenquote, Nachholbedarf in Toppositionen und Aufsichtsräten – das ist die eine Seite. Längst spürbar ist aber auch, wie Frauen im Wettbewerb mit den Männern punkten und deren Heldenpositionen erobern, ohne sich jedoch als Heldin in die heilige Ordnung der Männer einzufügen. An den Schalthebeln der Macht agieren sie meist auf ihre eigene Weise und stellen damit die alte Ordnung infrage. Unversehens entmachteten sie den Supermann, der es gewohnt war, im Alleingang von Gipfel zu Gipfel zu stürmen.

Im männerdominierten Management verursacht die Entwicklung latentes Unwohlsein. Es zeichnet sich Konkurrenz ab. Da sieht man, dass erste Karriereentscheidungen bewusst zugunsten weiblicher Kandidaten fallen. Es dämmert die Einsicht, dass Frauen über ein anderes Repertoire an Führungsqualitäten verfügen und für bestimmte Positionen besser geeignet sind. Greifbar wird die Verunsicherung, wenn dann tatsächlich eine Frau ins Führungsgremium aufrückt oder wenn es zu Konflikten mit einer weiblichen Führungskraft kommt.

Die Bastion der Männer wankt. Die einen reagieren abwehrend, wollen ihre Männerordnung verteidigen. Die anderen sagen: »Okay, ich bin bereit, mich darauf einzulassen und sehe in dieser Entwicklung eine Chance.« Die Chance nämlich, alte Strukturen aufzubrechen und das männerdominierte Management durch eine zeitgemäße Führung abzulösen.

Kompass

Fakten und Zahlen

Das Unbehagen in den Führungsetagen ist weit verbreitet. Das belegt eine im Herbst 2014 veröffentlichte Studie (»Führungskultur im Wandel«) der Initiative Neue Qualität der Arbeit des Bundesministeriums für Arbeit und Soziales. Die meisten der 400 befragten Manager empfinden sich als Gefangene in einem ungeliebten System und erteilen dem hierarchisch steuernden Management eine Absage. Mehr als drei Viertel von ihnen sind davon überzeugt, dass der Standort Deutschland weit unter seinen Möglichkeiten bleibt, wenn sich in der aktuellen Führungspraxis nicht Grundlegendes ändert.

Kernaussage

Die »heilige Ordnung der Männer« wurzelt tief in unseren europäisch und westlich geprägten Kulturen. Zentrales Merkmal ist das hierarchische Prinzip, das sich über Jahrhunderte bewährt hat, um komplexe Organisationen zu steuern. Diese fest verankerte Ordnung wird zunehmend infrage gestellt: Sie erweist sich als zu starr, um den neuen Anforderungen zu genügen.

Gedanken des Autors

Ich halte es für verfrüht, die hierarchische Ordnung abzuschaffen. Hierarchien haben einen funktionalen Kern, etwa wenn es darum geht, in einer Krisensituation zügig zu handeln, Konflikte zu deblockieren oder relativ schnell eindeutige Entscheidungen herzustellen. Die Lösung sehe ich deshalb in einem »Sowohl, als auch«. Solche Mischformen zeichnen sich bereits ab. Beim Projektmanagement etwa handelt es sich um eine Organisationsform, die in die bestehende Organisation »hineingeschoben« wird und parallel zur Hierarchie existiert. Auch wenn Konzerne einen Inkubator oder einen Startup-Campus gründen, sind dies Versuche, die klassische Hierarchie zu ergänzen. Ähnlich zu sehen ist die Tendenz, die Stärken der klassischen Hierarchie in den Bereichen, in denen es auf Effizienz ankommt, mit agilen Formen wie Netzwerken zur Innovation und Beschleunigung zu kombinieren.

1.2 In Strukturen gefangen

Organisationen sind Sätze von Regeln und Normen, die mit Sanktionen für den Fall des Verstoßens bewehrt sind.
Backhaus/Bonus 1997

»Wenn es darauf ankommt«, glauben viele Führungskräfte in höheren Positionen, »kann ich Großes bewegen. Bislang gab es dazu noch keinen Anlass, aber wenn ich müsste, könnte ich auch ganz anders!« Ist das auch Ihre Auffassung? Wenn ja, erliegen Sie wahrscheinlich einer Illusion. Wie aus vielen Gesprächen mit Topmanagern deutlich wird, ist der Autonomiegrad in den oberen Führungsetagen fast immer kleiner als erwartet. Die Ursache hierfür liegt weniger in den vorgesetzten Personen als vielmehr in den Strukturen und Gesetzmäßigkeiten der hierarchischen Organisation.

Die wenigsten Führungskräfte wissen, welche Kräfte hier wirken. Woher auch? Es gibt kein Schulfach Organisationslehre und auch die klassische Betriebswirtschaftslehre klammert Fragen nach den sozialen Gesetzmäßigkeiten einer Organisation aus. Gelehrt wird allein die Zweckrationalität der Organisation: Entscheidungen fallen nach rationalen Kriterien; sie orientieren sich an klar definierten Zielen, denen man die Mittel unterordnet. Ausgeklammert bleiben die Menschen mit ihren Verhaltensweisen und den daraus resultierenden Dynamiken.

Folgerichtig basieren die meisten Managementkonzepte auf der Annahme rationaler Entscheidungen und tragen daher nur begrenzt zum Verständnis von Organisationen bei. Die folgenden Abschnitte möchten an dieser Stelle ein Stück Organisationsbewusstheit schaffen und erklären, warum es so schwer ist, den Beharrungskräften einer hierarchischen Organisation zu entkommen.

Mann ohne Eigenschaften

Die hierarchische Organisation degradiert Sie zum Mann ohne Eigenschaften. Eine heftige These, ich weiß, aber sie lässt sich aus den Gesetzmäßigkeiten dieser Organisationsform logisch ableiten.

Eine Organisation hat den Zweck, Wissen und Fähigkeiten unterschiedlicher Menschen zusammenzuführen, um für ein gesellschaftliches Bedürfnis oder Problem eine Lösung herzustellen. Ab einer gewissen Größe benötigt sie hierfür eine Struktur. Bewährt hat sich hier, wie schon ausgeführt, die hierarchische Organisation mit ihren Ebenen und Funktionen: Ihre Schlagkraft gewinnt sie aus ihren Machtkonstellationen der klaren Über- und Unterordnung, verbunden mit festgelegten Normen und Entscheidungsprämissen und Programmen, die in schriftlichen Vorgaben wie Organisationshandbüchern und Prozess- oder Ablaufbeschreibungen ihren Ausdruck finden.

Die hierarchische Organisation rückt somit die Funktion in den Mittelpunkt, während die Person in den Hintergrund tritt. Chefs und Personalverantwortliche folgen dieser Logik, indem sie nach Mitarbeitern suchen, die zu den definierten Funktionen passen und dort auch »funktionieren«.

Die Betonung der Funktion hat große Vorteile. Indem die Organisation »Rollenkästchen« mit definierten Aufgaben und Verantwortlichkeiten vorhält, kann sie die Menschen in diese Kästchen einfügen. Jeder weiß dann, was er zu tun und vom anderen zu erwarten hat. Das bringt Verlässlichkeit in die Steuerung und Abläufe der Organisation. Zudem sind die Mitarbeiter jederzeit austauschbar, was der Organisation ebenfalls Stabilität verleiht.

Gesichtslos und austauschbar: Provokation à la Martin Margiela, Ausstellung 2009

Die Kehrseite davon ist, dass nur ein Teil der Fähigkeiten einer Person gefragt ist – eben nur das, was die zugedachte Funktion erfordert. Für die hierarchische Ordnung sei am Menschen nur das »Dingbare« oder »Herausabstrahierbare« relevant, schreibt pointiert Gerhard Schwarz. Die Organisation mache den Menschen zum Ding, weil sie allein an seiner Funktion im System, an Leistung und Nutzen interessiert sei – ausgedrückt in Kennzahlen wie Output, Umsatz, Marktanteilen, Preisen oder Löhnen. Schwarz: »Immer tritt zwischen die Menschen ein abstrakter Maßstab, der sie zu Dingen macht.«[10] Zugespitzt formuliert: Die Organisation degradiert den Mitarbeiter zum »Mann ohne Eigenschaften«.

Das mag den einzelnen Betroffenen frustrieren, liegt aber in der Natur der hierarchischen Organisation. Auch wenn beteuert wird, »der Mensch steht bei uns im Mittelpunkt«, auch wenn um den Menschen im Unternehmen allerlei Schnickschnack betrieben wird, etwa bei Betriebsausflügen oder Ehrungen für langjährige Betriebszugehörigkeit – man sollte sich nicht täuschen lassen: Wenn es ernst wird, hat die Organisation nur ein partielles Interesse an der Person. Dies liegt schlicht an der Funktionslogik und sollte daher nicht als persönliche Missachtung interpretiert werden.

Deutlich wird die große Schwäche der klassischen hierarchischen Ordnung: Sie ignoriert den Menschen mit seinen Emotionen, Wünschen und Hoffnungen – und ordnet das, was übrig bleibt, in ein starres Gefüge ein. Spielraum für Kreativität und Innovationskraft bleibt da kaum noch. »Innovation resultiert aus dem Überschuss der Person über die Rolle« – so bringen Organisationstheoretiker diesen Zusammenhang gerne auf den Punkt.

Der Kerndeal: Aufgabe der Autonomie gegen Sicherheit

Nun stellt sich natürlich die Frage, warum sich Menschen das gefallen lassen. Warum sind sie bereit, sich unterzuordnen und auf eine Funktion reduzieren zu lassen? Wie kommt es, dass sie diese »Mitgliedschaftsbedingung« einer Organisation, wie es der Organisationsberater Stefan Kühl nennt, eingehen?

Die Antwort liegt auf der Hand: Sie bekommen einen sicheren Arbeitsplatz. Der einzelne Mitarbeiter schließt mit der Organisation einen Vertrag, in dem er sich bereit erklärt, seine Autonomie aufzugeben, seine Ecken und

Kanten abzulegen und sich in das ihm zugedachte Kästchen einzufügen. Dafür erhält er ein Stück Sicherheit, einen Arbeitsplatz, ein Gehalt und das entsprechende soziale Prestige. Der Deal zwischen Individuum und Organisation lautet im Kern also »Autonomie gegen Sicherheit«.

Das hat seine Vorteile und ist vor allem bequem. Anders als beim selbstständigen Unternehmer enthebt die Organisation ihre Mitglieder der Notwendigkeit, sich auf umkämpften Märkten direkt der Konkurrenz zu stellen. Die Organisation gibt einen klaren Rahmen vor, bietet Karrierewege an und gewährt ein sicheres Einkommen. Und nicht nur das: Sie verspricht verdienten Mitarbeitern eine Reihe von Epauletten. Man denke nur an Dienstwagen, Parkplatzberechtigung, Gehaltssteigerungen, englischsprachige Supertitel oder Größe und Lage des Büros.

»It's the system, stupid!« – das System ist stärker

Die Macht des Systems wird spürbar, wenn sich ein Mitglied nicht organisationskonform verhält. Einmal angenommen, Sie verkünden Ihrem Vorstand, dass Sie künftig einen festgelegten Kommunikationsweg nicht mehr einzuhalten gedenken. Klar, Ihr Chef dürfte dieses Ansinnen entschieden zurückweisen. Doch er tut dies nicht aus persönlicher Motivation, sondern als Vertreter der Organisation. Ihm ist bewusst, dass Regelverstöße die geltende Ordnung unterlaufen und am Ende die Funktionsfähigkeit der Organisation gefährden. Er verhält sich organisationskonform, ohne lange nachzudenken. Im Grunde lehnt nicht der Vorgesetzte Ihren Vorstoß ab, sondern die Organisation schlägt zurück.

Oder angenommen, Sie leiten die Buchhaltung und kommen auf die Idee, einen Verbesserungsvorschlag fürs Marketing zu machen. Dieser Vorschlag mag exzellent sein, doch Ihr Vorgesetzter wird säuerlich lächeln und den Vorschlag vermutlich nicht weitergeben. Auch hier reagiert er als Repräsentant der Organisation. Unwillkürlich folgt er dem Muster der Organisation, die für verlässliche Strukturen sorgt – was in diesem Fall heißt: Man kann sich darauf verlassen, dass die Mitarbeiter in der Buchhaltung sich um die Buchhaltung kümmern und sich nicht plötzlich ins Marketing einmischen. So wie man sich darauf verlassen kann, dass der Vorstand sich mit Zielen und Strategien befasst und nicht etwa der Lehrling.

Solche Beispiele illustrieren: Die Organisationsraison weist das Freiheitsstreben einzelner Organisationsmitglieder in die Schranken. Das System duldet keine Grenzüberschreitungen. Seine Waffen sind Regularien und Routinen, durch die es die Organisation samt den darin tätigen Personen steuert.

- Die Regularien beinhalten das gesamte Arsenal an verbindlichen Beschreibungen, das eine Organisation bereithält. Es reicht von den Ablaufbeschreibungen im Qualitätsmanagement über Regelwerke wie Corporate Responsibility bis hin zur gefürchteten Keule der Compliance-Richtlinien.
- Mit Routinen sind die alltäglichen Prozesse gemeint, die nach einem festen Schema ablaufen und so die Effizienz der Organisation gewährleisten.

Die Regularien und Routinen sorgen dafür, dass Beschlüsse ohne zu große Abweichung von bestehenden Normen getroffen und umgesetzt werden. Wie Thomas Sattelberger anmerkt, bringen die amerikanischen Begriffe »alignment« und »execution« den Sachverhalt schön auf den Punkt: Es handelt sich um ein Auf-Linie-bringen mit anschließendem Vollzug.

Als Manager einer hierarchischen Organisation sind Sie an diese Regularien und Routinen gebunden, ob Sie es wollen oder nicht. Andernfalls werden Sie verhaltensauffällig und laufen Gefahr, aus der Organisation entfernt zu werden. Das System setzt sich durch, ganz gleich welche Position Sie innehaben. Daher ist es auch eine Illusion zu glauben, dass der Autonomiegrad in entscheidendem Maße zunimmt, wenn Sie in der Hierarchie aufsteigen – wie führende Manager wissen und auch immer wieder berichten.

Thomas Sattelberger etwa hat die Entwicklung von Menschen und ihren Potenzialen zu seinem Lebensthema gemacht und mit seinen oft unkonventionellen Ideen viel bewegt. Doch selbst als Topmanager kämpfte er gegen das System und hatte das Gefühl, ständig gegen Wände zu laufen: »Als Vorstand wird man fast täglich mit Themen konfrontiert, die man längst erledigt zu haben glaubte, offenbar aber weder mit Befehl noch mit humanistischer Überzeugungsarbeit durchkriegt.«[11]

Eine bezeichnende Episode stammt aus Sattelbergers Zeit als Personalvorstand bei der Deutschen Telekom, wo 2010 noch ein ausgefeiltes Telefonsystem die Hierarchie versinnbildlichte: Eine Null am Ende stand für Abteilungsleiter, zwei für Bereichsleiter und drei für Vorstände. Somit wusste jeder Mitarbeiter sofort, was ihn erwartete, wenn eine Nuller-Nummer beim Telefonklingeln aufleuchtete. Als Sattelberger das System modernisieren wollte, gab es tausend Ausflüchte, warum dieses System doch beibehalten werden sollte. Am Ende dauerte es anderthalb Jahre, bis der Fall erledigt und die Nullen abgeschafft waren.

Soweit sich Firmen über den Kapitalmarkt finanzieren, unterliegen sie zusätzlich den Wirkmechanismen des Finanzkapitalismus – was die Autonomie der handelnden Manager weiter einschränkt. Analysten, Investoren, Fondsmanager – die heimlichen Herren des Geldes – sitzen ihnen im Nacken und zwingen den Blick auf Wachstum, EBIT und Börsenkurse. Der schnelle Rhythmus der Quartalsberichte schafft ein rigides System, das mit seinen Zahlen, Zielen und Terminen ein zunehmend eigenwillenloseres Management antreibt.

Als Schlussfolgerung lässt sich festhalten: Strukturen sind die Auskristallisierungen von Kulturen. Das System mit seinen Strukturen, Programmen und Regeln ist erst einmal stärker als die Person. Echte Veränderungen sind langwierig und mühsam, wie nicht zuletzt die Erfahrungen zahlreicher gescheiterter Change-Projekte belegen. Manager, die Innovationen anstoßen und gegen das System ankommen wollen, haben deshalb das Gefühl, gegen eine Wand zu laufen. Die Folgen sind Frust und Resignation, auch ein Gefühl der Ohnmacht.

Was die Lage nicht einfacher macht: Die »Unterwachung« der Vorgesetzten

In der klassischen Form der Hierarchie erhebt die Organisation an ihrer Spitze einen Alleinanspruch auf Wissen und Außenverkehr. Dies funktioniert in der heutigen Zeit aber nur mehr in kleinsten Organisationen! Funktionale Spezialisierung in Verbindung mit dem Expertenwissen hat zu einer massiven Verlagerung des Know-hows geführt: Trotz der Tendenz zur Dokumentation, zur Sicherung des Know-hows in Wissensdatenbanken sitzen die Wissens-Mächtigen in der Hierarchie meist etwas weiter unten – und sind sich ihrer Rolle auch bewusst.
Schicksal vieler Chefs ist es daher, mit Information unterversorgt zu sein. Nicht nur das: Das wachsende Informationsmonopol der Fachspezialisten

führt zu dem, was Niklas Luhmann sehr scharfsinnig, aber kühl »Unterwachung – die Kunst, die Vorgesetzten zu lenken« nennt: Eine Organisation kann nur »funktionieren, wenn Vorgesetzte effektiv ‹unterwacht' werden«[12]. Ohne die fachliche Zuarbeit der Experten wären die obersten Chefs schnell überfordert. Angesichts eng getakteter Terminpläne sind ihre Möglichkeiten limitiert, anderweitig Kontakte und Informationen zu erhalten. Daraus resultiert die Präferenz für abgestimmte Vorlagen oder Präsentationen.

Gefangener der eigenen Karriere

Es geht aufwärts, Stufe für Stufe. Der hierarchische Aufstieg gilt als Erfolgsmodell. Er verspricht Anerkennung von Firma und Familie, verheißt Macht und Einfluss, dazu steigendes Einkommen. Und doch schleicht sich bei vielen Menschen mit den Jahren ein ungutes Gefühl ein: Stimmt die Richtung noch? Mache ich noch das, was mir entspricht? Komme ich dahin, wo ich ursprünglich einmal hinwollte?

Nur wenige schaffen es dann, auszusteigen oder wenigstens die Richtung zu ändern. Die meisten gehen weiter, Stufe für Stufe. Der stolze Karriereweg mutiert zu einer immer schwerer erträglichen Notwendigkeit. Die resignierende Erkenntnis: Viele Manager hängen nicht nur in den Strukturen der Organisation fest, sondern sind auch Gefangene der eigenen Karriere.

Beispiel

Dr. Gerd Wolf, Bereichsleiter in einem großen Konzern, erhält das Angebot, in den Top-150-Führungskreis aufzusteigen. Bedingung ist allerdings, vorher für drei Jahre eine Tochtergesellschaft in China zu leiten. Ein tolles Angebot, aber ein hoher Preis: Der Manager ist 47 Jahre, verheiratet, hat zwei Kinder. Die Firma hatte ihn schon einmal nach Peking entsandt. Drei Jahre lebte er dort mit seiner Frau, die sich mit dem fremden Umfeld schwertat und vor allem unter der Luftverschmutzung litt. Nun also noch einmal drei Jahre? Wieder diese Smog-Probleme? Dieses Mal mit vierköpfiger Familie, einschließlich einer elfjährigen, gesundheitlich sensiblen Tochter? Das Familienleben ist intakt, das Einkommen schon heute ausgezeichnet. Ist es der Karriereschritt wirklich wert, den Zusammenhalt der Familie aufs Spiel zu setzen?
Doch was würde passieren, so fragt sich der Manager im Gespräch weiter, wenn er das Angebot ausschlüge? Noch stehen ihm gut 15 Jahre bevor. Ein

Verharren in der bestehenden Position wäre wahrhaft keine verlockende Perspektive. Zudem sind die derzeitigen Verhältnisse keineswegs gesichert. Vermutlich würde ihn die Firma wieder irgendwohin entsenden, ein Umzug wäre also ohnehin unvermeidlich. Also doch lieber China? Am Ende lenkte seine Frau ein: »Wir haben es beim ersten Mal geschafft und werden es auch jetzt wieder hinbekommen.« Eine starke Hilfe!

Der Fall zeigt das Dilemma vieler Führungskräfte. Die Karriere wird für sie zur Notwendigkeit, aus der es kaum ein Entrinnen gibt. Der Preis jedoch, den diese Karriere abverlangt, kann hoch sein. Häufig liegt er darin, die eigenen Ziele und Träume aufgeben zu müssen – oder auch darin, den Zusammenhalt der Familie zu gefährden.

Hochriskant und trügerisch

Eine gefährliche Konstellation. Einerseits gerät die Karriere zur Notwendigkeit. Starke Kräfte halten dazu an, den vorgegebenen Pfad weiterzugehen. Hierzu zählen die Erwartungen von übergeordneten Führungskräften, die Anerkennung von Freunden und Familie, die Aussicht auf höheres Gehalt, vielleicht auch finanzielle Verpflichtungen. Andererseits birgt dieser Weg hohe Risiken und fordert am Ende möglicherweise einen unverhältnismäßig hohen Preis.

Riskant ist der klassische Karriereweg schon aus einem banalen, aber häufig ignorierten Grund: In einer hierarchischen Organisation verengen sich die Chancen nach oben hin. Selbst wenn der Bedarf an Führung insgesamt zunimmt, vermehrt sich damit nicht die Anzahl der Führungspositionen. Je weiter oben auf der Karriereleiter man anlangt, desto heftiger entbrennt der Kampf um die besten Plätze. Hinzu kommt das Risiko, ganz aus dem System herauszufallen, etwa dann, wenn eine Fusion, eine Umorganisation oder der Einstieg einer Privat-Equity-Gesellschaft den sicher geglaubten Arbeitsplatz hinwegfegt.

Doch das wohl größte Risiko wächst im Verborgenen. Ein Manager, der alle seine Kräfte auf Geschäft und Karriere fokussiert, entwickelt über die Jahre einen Tunnelblick. René Obermann, ehemaliger Telekomchef, hat es einmal so formuliert: »Man denkt und redet nur noch über das Geschäft und verliert Energie und Empathie für Freunde und Familie. Man glaubt dann ein toller Hecht zu sein, und ist in Wirklichkeit ein armer Hansel. Bis eines Tages dann Privatgefüge und Machtpomp zerplatzen und man merkt, dass man ganz alleine ist.«[13]

Weitermachen – das hat seinen Preis. Nicht von ungefähr spricht man speziell bei Männern von »Hochrisikokarrieren«. Letztlich steht die eigene Gesundheit auf dem Spiel. Wie Untersuchungen belegen, wirkt weniger ein hohes Arbeitspensum belastend als die Erkenntnis, fremdbestimmt zu agieren, kein eigenes Lebenswerk zu schaffen.

Was die Sache so heimtückisch macht: Bis der Preis der Karriere erkennbar wird, können viele Jahre vergehen. Manager sind per se von sich und ihrer Selbstwirksamkeit überzeugt. Solange sie Erfolg haben und Widerstände ausbleiben, kommen sie kaum auf die Idee, ihren Weg zu reflektieren. Erst wenn die Familie zerbricht oder die Gesundheit versagt, wird der Punkt erreicht, den Karriereweg zu thematisieren. Erst jetzt bricht die Fassade auf und die dahinter verborgene Unzufriedenheit kommt zum Vorschein.

Für die meisten Führungskräfte erscheint der jeweils nächste Karriereschritt alternativlos. Ohne es sich klarzumachen, begeben sie sich auf einen riskanten und trügerischen Weg: riskant, weil die Erfolgschancen nach oben hin abnehmen – und trügerisch, weil sich Hoffnungen auf größere Freiräume, mehr Gestaltungsmöglichkeiten und innere Zufriedenheit oft nicht erfüllen.

Kompass

Fakten und Zahlen

Die meisten Führungskräfte verfolgen das Ziel, im Unternehmen weiter aufzusteigen – 41 Prozent hingegen geben an, in der Firmenhierarchie keinen weiteren Aufstieg zu planen. Im Verlauf der Karriere ändert sich diese Haltung grundlegend: Der Anteil älterer Manager, die einen Abstieg in der Firmenhierarchie erwägen, weil ihnen Titel und Status nicht mehr so wichtig sind wie zu Beginn ihrer Karriere, liegt bei 78 Prozent.[14]

Kernaussage
Die hierarchische Organisation selektiert nach funktionalen Kriterien und sorgt dafür, dass jeder Mitarbeiter in das ihm zugedachte Kästchen passt. Für Menschen, die außerhalb der ihnen zugedachten Funktion agieren wollen, bietet diese Organisationsform kaum Spielräume. Ausgerechnet die so dringend benötigten kreativen Köpfe, die Innovatoren und Querdenker, die Persönlichkeiten mit Ecken und Kanten, die Menschen mit dem Mut, zu widersprechen und ganz andere Lösungen anzupacken – ausgerechnet sie werden vom System ausgeschlossen.

Gedanken des Autors
Zugegeben: Ich habe das eine oder andere drastisch formuliert. Doch ein Art organisationale Ent-Täuschung kann den Blick schärfen – und Anlass sein, die eigene Lage einmal gründlich zu überdenken: Mit welchen Ideen und Wünschen sind Sie in den Beruf eingestiegen? Wo stehen Sie heute? Wie viel Fremdbestimmung oder wie viele Einschränkungen wollen Sie hinnehmen? Was wäre der Preis für den Ausstieg?
Die meisten Führungskräfte versäumen es, sich diese Gedanken rechtzeitig zu machen. Sie bleiben Gefangene von Organisation und Karriere – mit zu wenig Kraft für einen neuen Schwung und balancierter Identifikation, wie wir im dritten Teil des Buchs sehen werden.

1.3 Männerdominiertes Management

Handle stets so, dass die Anzahl der Wahlmöglichkeiten größer wird.
Heinz von Förster, Physiker und Kybernetiker

Dunkle Anzüge, vor allem ältere Herren – auf dem Wirtschaftsforum in Davos im Januar 2016 waren die Männer weitgehend unter sich. Ein Spiegel der Verhältnisse: Auch in den großen Unternehmen dominieren Männer das Management. Und doch waren auf dem Forum die Frauen ein Thema. Anlass dafür waren der »Krieg um Talente«, aber auch die Einsicht, dass mehr Frauen in Toppositionen zu erheblichem Wachstum beitragen könnten. Sogar ein gewisses Bedauern war zu spüren, dass es bislang nicht mehr Frauen ins Topmanagement schaffen – wie Caspar Busse, Wirtschaftsredakteur der Süddeutschen Zeitung, beobachtet hat. In seinem Bericht zitiert er den Chef einer Großbank mit folgenden Worten: »Die Männer im Vorstand sind der Permafrost. Da ändert sich oft nur wenig.«[15]

Da ist sie wieder: die Männergang, die sich abschottet und alles Abweichende auszusperren sucht. Der Permafrost in den Vorstandsetagen. Konformität, Abschottung, Komplizenschaft, die Maxime von falsch oder richtig – die Merkmale des männerdominierten Managements kennzeichnen nach wie vor weite Teile der Wirtschaft. Nicht nur die Regularien und Prämissen der hierarchischen Organisation behindern den notwendigen Wandel. Zusätzlich verschärft wird die Lage durch männliche Führungsriegen, die sich einbunkern und gegen jeglichen frischen Wind abschotten.

Aus dem Hinterhalt

Beispiel

Diplom-Ingenieur Dr. Matthias Maier ist ein gestandener Manager, 45 Jahre alt, auf dem Sprung nach ganz oben. Ein Typ mit einem breiten Kreuz. Wenn er den Raum betritt, füllt er den Türrahmen aus. Er gilt als gute Führungskraft und ist bekannt dafür, dass er sich für seine Leute einsetzt. Auch versteht er es, Ziele und Visionen zu vermitteln. Zugleich hat er seinen eigenen Kopf, ist eher Entrepreneur denn Manager, womit er bei Kollegen und Vorgesetzten gelegentlich schon angeeckt ist. Dieser Mann kam eines Tages zu mir ins Coaching. Völlig aufgelöst. Er fühle sich persönlich angegriffen, gar verraten, erklärte er, aus dem Hinterhalt getroffen. Was war geschehen?

Die Geschichte spielte sich in einem Joint Venture ab, das zu gleichen Teilen einem großen Industriekonzern (Firma A) und einem nicht minder mächtigen Zulieferer (Firma B) gehört. Die beiden Firmen hatten das gemeinsame Unternehmen gegründet, weil neue Wettbewerber das Kerngeschäft bedrohten und man gemeinsam mit eigenen Entwicklungen gegenhalten wollte. Dementsprechend groß war der Erwartungsdruck, dem das Management des Joint Ventures ausgesetzt war. Das Unternehmen hatte zwei Geschäftsführer; der eine kam von Firma A, der andere von Firma B. Auch die übrigen Führungskräfte und Mitarbeiter stammten zu gleichen Teilen von den beiden Muttergesellschaften.

Zu den Topmanagern aus Firma B zählte auch Matthias Maier. Er leitete innerhalb des Joint Ventures den Entwicklungsbereich. Unter ihm arbeiteten fünf Abteilungsleiter. Ohne dass Matthias Maier es ahnte, taten sich diese fünf Abteilungsleiter zusammen und schrieben einen Brief an den für ihren Bereich zuständigen Geschäftsführer, mit Kopie an den Geschäftsführerkollegen. Darin erhoben sie heftige, auch verletzende Vorwürfe gegen ihren Vorgesetzten und forderten dessen Ablösung. Dieser reagierte bestürzt, als der Geschäftsführer ihm das Schreiben vorlegte. Sicher, der Druck auf die Entwicklungsabteilungen war enorm und Matthias Maier hatte im Umgang mit seinen Mitarbeitern sicherlich nicht alles richtig gemacht. Das jedoch erklärte noch lange nicht das Komplott und die persönlichen Vorwürfe, die selbst vor seinem Privatleben nicht Halt machten.

Erst nach einer Reihe von Gesprächen, die ich im Unternehmen führte, schälte sich der Kern des Konflikts heraus. Der Bereich stand tatsächlich unter enormem Druck, denn vom Ergebnis der Entwicklungsprojekte hing zu einem wesentlichen Teil die Zukunft des Joint Ventures ab. Wie sich weiter herausstellte, hatten die fünf Abteilungsleiter in erster Linie ihre eigene Karriere im Blick, die sich im jeweiligen Mutterunternehmen bestens entwickelt hatte. Die neue Situation machte sie jedoch nervös. Noch nie standen sie derart im Blick des obersten Managements und noch nie war der Erwartungsdruck so groß. Was, wenn die Projekte scheiterten? Das gemeinsame Schicksal schweißte die fünf Männer zusammen.

Matthias Maier setzte sich für seine Mitarbeiter durchaus ein. Dabei machte er ihnen – darin lag sicher ein Fehler – einige Versprechungen, die er bei der Unternehmensleitung nicht durchsetzen konnte. Zudem beschönigte er ihnen gegenüber über längere Zeit die tatsächliche Lage. Er hoffte, auf diese Weise den Druck von oben abzufangen und seinen Leuten den Rücken freizuhalten.

Bildhaft gesprochen: Mit seinem breiten Kreuz stemmte er sich gegen den Druck. Als dann aber erste Teilprojekte in Schwierigkeiten gerieten, war die Empörung umso größer.
Die fünf Abteilungsleiter fürchteten nun um ihr berufliches Weiterkommen und erwarteten die volle Rückendeckung ihres Vorgesetzten. Nach ihrer Meinung hätte er der Geschäftsführung die Schwierigkeiten wesentlicher Projektziele vermitteln sollen, um so das Risiko für die eigenen Karrieren abzufangen. Diesem Ansinnen mochte sich Matthias Maier, dem es vorrangig um die Sache ging, nicht beugen. Anstatt die Projektziele infrage zu stellen, suchte er nach Lösungen. Das Risiko des Scheiterns nahm er in Kauf. Er wies seine Abteilungsleiter an, eine neue, effektivere Arbeitssystematik einzuführen und fragte öfter im Detail nach. Die Abteilungsleiter bezweifelten den Erfolg und sahen die Chance schwinden, sich persönlich einigermaßen risikolos aus der Affäre zu ziehen. So entstand der Plan, den Vorgesetzten ans Messer zu liefern.

Der Fall zeigt das typische Verhaltensmuster einer Männergruppe: Man hält zusammen, duldet aber keine Abweichler. Wer sich nicht einfügt, wird aus dem Bund ausgeschlossen, was für den Betroffenen sehr schmerzhaft sein kann. Während Frauen dazu neigen, subtile Stiche zu setzen, sind Männer ein Stück direkter. Bei ihnen gerät die Situation sofort zum Kampfplatz.

Im konkreten Fall verband die Männer das gemeinsame Ziel, die persönliche Karriere abzusichern. Als ihr Vorgesetzter dieses Ziel verriet und im Alleingang ein neues Arbeitssystem durchdrückte, war sein Schicksal besiegelt. Die Gruppe kam zur Überzeugung: »Der muss weg!« Einmal abgewichen von der Norm, bot sich Matthias Maier als Projektionsfläche für die aufgestaute Unzufriedenheit an. Die Männergruppe schlug zu.

Die Schotten dicht gemacht

Männliche Monokulturen bringen verschworene Gemeinschaften hervor. Ihre Heimat ist die »heilige Ordnung«, in der klare Gesetze herrschen. Es gibt ein Oben und Unten, ein Richtig und Falsch. Worauf es ankommt, sind Rangfolge, Funktion und Konformität – auch Seilschaften sagt man ihnen nach. Erinnern wir uns an die vermutliche Herkunft dieser Männergruppen, an die einstige Jagdgang: Für sie bedeutete ein Außenseiter, der sich nicht unterordnet, ein akute Gefahr. An diesem Konformitätsdruck hat sich bis heute wenig geändert. »Die Gruppe erhöht meist den Druck so lange, bis alle irgendwie sich zu einer einheitlichen Emotionalität bekennen«, beobachtet der Organisationsexperte Gerhard Schwarz[16].

In den Chefetagen entsteht eine Art strukturelle Komplizenschaft. Man tut sich nicht weh, verhält sich scheinbar kollegial und kooperativ. Gefühle werden hinter einer Fassade der Rationalität versteckt, denn persönliche Regungen sind gefährlich. Gelingt das einmal nicht, sehen Männer das oft nicht als Zeichen von Lebendigsein, sondern als Fehler: »Heute war ich zu emotional.« Man zieht sich, wie es Thomas Sattelberger formuliert, eine Tarnkappe über: »Ein guter Teil der Arbeit in Organisationen besteht aus mittelalterlichen Turnierspielen und internem Verdrängungswettbewerb.«[17]

Heimat der Heiligen Ordnung: Das Machtzentrum im Skyscraper. Fotolia

In der Logik des Männerbundes liegt es, bei der Aufnahme neuer Mitglieder auf Ähnlichkeit zu achten. Man pflegt seine »hegemoniale Männlichkeit«, wie es Soziologen ausdrücken – also ein Verhalten, das die dominante Männerposition in der Gruppe sichert. Deshalb rekrutiert man Gleichgesinnte und vermeidet jede Diversität. In einem solchen Umfeld fährt am besten, wer als Ja-Sager operiert. Widerspruch gefährdet die Karriere und schadet der Reputation. Also verzichtet man auf eine Gegenmeinung.

Managen und Führen finden stets unter großer Unsicherheit statt, je verantwortlicher die Position, desto mehr. In solch einer Situation gibt es Sicherheit, einander zu kennen und zu vertrauen. »Wir können uns aufeinander verlassen«, sagt der Vorstand eines großen Konzerns in einem Interview. Mit zufriedenem Lächeln sieht man ihn im Kreise seiner Kollegen abgebildet. Männer »kaufen« lieber das Verhalten anderer Männer. Diese Ware ist bekannt, irritiert nicht – es ist ein Paket, dem man vertrauen kann. Der Nachteil ist allerdings: Potenziale bleiben ungenutzt, Spontaneität, Kreativität und schöpferische Zerstörung haben keine Chance.

Erneut gelangen wir in unserer Analyse an den Punkt, an dem wir feststellen müssen: Die Verhältnisse in vielen Führungsetagen sind nicht mehr zeitgemäß. Die Wirklichkeit ist komplex, sie weist vielfältige Schattierungen auf. Führung muss sich hierauf einlassen. Das erfordert ein Gespür für Feinheiten und vor allem die Fähigkeit, Widersprüche auszubalancieren. Der Männerbund, so steht zu befürchten, ist diesen Anforderungen nicht gewachsen. Unternehmen und Märkte sind soziale Systeme, die sich nicht einfach mit den Kategorien »richtig« und »falsch« steuern lassen. Wie soll ein Unternehmen im Wettbewerb bestehen, wenn die Führungsriege nur Kopfnicker züchtet und kreative Potenziale im Keim erstickt?

Immerhin – in manchen Chefetagen hat ein Umdenken begonnen. Man fängt an, den Wert des kreativen Querdenkers und des eigenständig handelnden Managers zu entdecken. So kam Matthias Müller, VW-Chef während der Dieselaffäre, zu der Erkenntnis: »Wir brauchen keine Ja-Sager, sondern Manager und Techniker, die mit guten Argumenten für ihre Überzeugungen und ihre Projekte kämpfen – die unternehmerisch denken und agieren.«[18]

Einhergehend mit diesem Bewusstseinswandel bedrohen auch Internet und neue Medien die abgeschotteten Männerbastionen. Das kommunikative Geschick der nachdrängenden Generation Y, aber auch die Recherchen investigativer Journalisten leuchten mit digitalen Mitteln die dunklen Winkel der Männergangs aus. Ans Licht kommen Seilschaften, zweifelhafte Absprachen, Manipulationen oder gar Betrügereien, wie etwa die Affären beim ADAC, bei Volkswagen oder beim Fußball zeigen. Die drohende Gefahr, die von dieser neuen Transparenz ausgeht, lässt die Mitglieder einer

Männergruppe noch enger zusammenrücken. Anstatt sich den Realitäten zu stellen, wird meistens versucht, die Schotten nun erst recht dicht zu machen. Man versichert sich der Situation, wie man sie bisher wahrgenommen hat. Zweifel werden verdrängt, anderslautende Meinungen lässt man nicht an sich herankommen, es entsteht eine kollektiver blinder Fleck. Die Männergang klammert sich an die Macht und regiert weit über ihre Zeit hinaus – zum Schaden des Unternehmens.

Das Ja-Sager-Phänomen: Wie Hierarchien die Anpassung fördern

Bereits Anfang der 1990er Jahre entwickelte der amerikanische Ökonom Canice Prendergast eine Theorie der Ja-Sager. Der Wissenschaftler packte verschiedene Annahmen in mathematische Gleichungen und leitete daraus präzise ab, wie klassische Hierarchien Ja-Sager produzieren, die am Ende den Erfolg des ganzen Unternehmens gefährden.

Das Problem entsteht in hierarchisch organisierten Unternehmen, in denen das Management auf Konformität bedacht ist und Mitarbeiter bevorzugt, die sich ihm anpassen. Mit Blick auf die Karriere werten die Mitarbeiter die Loyalität zum Chef dann höher als das Wohl der Organisation: Sie geben ihrem Chef auch dann Recht, wenn sie dessen Einschätzung für falsch halten.

Da die Mitarbeiter mit der Zeit genau wissen, was das Management hören will, äußern sie keine abweichenden Meinungen mehr. Die Folge: Das Unternehmen besteht mehr und mehr aus Ja-Sagern. »Die Effektivität einer Organisation«, so schlussfolgert Canice Prendergast, »ist in dem Maße gefährdet, in dem Beförderung und Bezahlung eines Mitarbeiters an die Wertschätzung gekoppelt sind, die er bei seinem Chef genießt.«[19]

$$\hat{\eta}_i = \left(\frac{\prod\limits_{\substack{j=1 \\ j \neq i}}^{N} \left(\sigma_j^2 + \sigma_{\lambda,ij}^2\right)}{\sum\limits_{k=1}^{N} \prod\limits_{\substack{j=1 \\ j \neq i,k}}^{N} \left(\sigma_j^2 + \sigma_{\lambda,ij}^2\right)} \right) \frac{\sigma_0^2 \eta_i + \sigma_i^2 \eta_0}{\sigma_0^2 + \sigma_i^2} + \left(\frac{\sum\limits_{j=1}^{N} \prod\limits_{\substack{j=1 \\ j \neq i}}^{N} \left(\sigma_j^2 + \sigma_{\lambda,ij}^2\right) \eta_j^i}{\sum\limits_{k=1}^{N} \prod\limits_{\substack{j=1 \\ j \neq i,k}}^{N} \left(\sigma_j^2 + \sigma_{\lambda,ij}^2\right)} \right) \frac{\sigma_0^2 \sigma_i^2}{\sigma_0^2 + \sigma_i^2}$$

Mathematisch ausgerechnet: Die Theorie des Ökonomen Canice Prendergast belegt, dass Ja-Sager beim Chef beliebt, aber schädlich für das Unternehmen sind.

Eine Provokation: Das Ende der Männer?

Der Mann, bald überflüssig? Die Amerikanerin Hanna Rosin schrieb in ihrem auch in Deutschland viel zitierten Buch »The End of Men«: »Frauen befinden sich unaufhaltsam auf dem Weg an die Spitze der Gesellschaft«, während der Mann Neuland nur in Trippelschritten betrete. Viele Anforderungen der modernen Arbeitswelt – soziale Intelligenz, Flexibilität, Kommunikationsfähigkeit – spielten den Frauen in die Hände. Die Autorin glaubt, dass für die postindustrielle Gesellschaft Frauen besser geeignet sind als Männer, da jene flexibler, sozialer, kreativer und ausdauernder seien.

In vielen Diskussionen, von Feuilletons bis zu Talkshows, schlägt das Pendel zugunsten der Frauen aus. Männer haben das Nachsehen, ihnen fällt es zunehmend schwer, mit der Zeit zu gehen – sie verlieren immer mehr den Anschluss. Unsere Gesellschaft, so mahnen Beobachter, kümmert sich nicht um die vom Sockel gestoßenen Herren. Die Befürchtungen gehen inzwischen schon so weit, dass Eltern sich mehr Sorgen um ihre Söhne als um ihre Töchter machen.

Nun möchte ich hier nicht das Ende der Männer proklamieren. Wohl aber zeichnet sich ein grundlegender Wandel ab. Wie bereits beschrieben, drängen Frauen zunehmend in Führungspositionen – mit der Folge, dass sich die Männerbünde auflösen. Solange Männer unter sich sind, neigen sie dazu, eine verschworene Gruppe zu bilden. Ein individuelles Ausscheren gibt es nicht: Einem gemeinsamen Auftrag folgend ordnen sich die Mitglieder der Männergang klaren Abläufen und Zuständigkeiten unter. Frauen hingegen kennen diese Verschworenheit nicht, sondern sind es gewohnt, auf individuelle Umstände zu reagieren. Ganz im Gegensatz zu den Männern neigen sie unter dem Druck der Gruppe dazu, ihre Individualität umso stärker hervorzuheben.

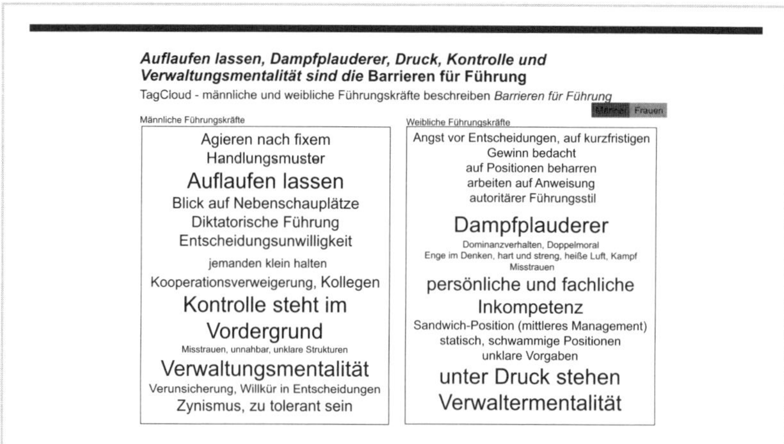

Führung: Was Frauen über Männer sagen und umgekehrt

Kompass

!

Fakten und Zahlen

Je mehr Frauen ein Unternehmen in die mittleren und oberen Leitungsebenen holt, desto mehr Ertrag kann es erzielen. Die Faustformel lautet: Steigt der Anteil weiblicher Führungskräfte von null auf 30 Prozent, wächst die Profitabilität um 15 Prozent. Zu diesem Ergebnis kommt eine Studie des Peterson Institute for International Economics in Washington. Insgesamt haben die Wissenschaftler fast 22.000 Firmen in 91 Ländern untersucht.

Kernaussage

In vielen Führungsetagen haben noch immer Männer das Sagen. Häufig bilden sie eine verschworene Gemeinschaft, die auf Rangfolge und Funktionen Wert legt, Konformität einfordert und sich gegen alles Abweichende abschottet. Wer gegen ihre Regeln verstößt, trifft auf Widerstand. Führungskräfte, die eigene Ideen und Konzepte durchsetzen möchten, haben in dieser Männerwelt einen schweren Stand.

Gedanken des Autors

Nein, über Quoten werde ich mich nicht äußern. In meiner Rolle bin ich reinen Männergremien, aber auch reinen Frauengremien begegnet. À la Diskretion! Absehen lässt sich ein Neuanfang, bei dem beide gebraucht werden, Männer und Frauen. Für die Männer bedeutet das, sich neu zu finden und von den Gepflogenheiten der Männerbünde zu lösen. Zumindest einen Vorteil hätte dieser Abschied: Den Kraftaufwand einer heroischen Führungsweise könnten sich Männer künftig sparen.

1.4 Überholte Rollenbilder

Mensch Mann!
unbekannter Autor (oder unbekannte Autorin)

Wie ergeht es den Männern in Zeiten der Heldendämmerung? Richten wir den Scheinwerfer nun einmal weg von den Strukturen, hin auf das persönliche Schicksal des Helden. Während viele Manager erste Auflösungserscheinungen der Männerbünde mit Wohlwollen verfolgen und den frischen Wind begrüßen, der einige Chefetagen bereits durchlüftet, klammert sich der Held alten Schlags an die vertrauten Rollenbilder: »Ich muss stark sein, muss meinen Mann stehen, muss alles wissen, muss der Ernährer der Familie, der treu sorgende Ehemann sein ...« Nur keine Schwäche zeigen, fordert die Männerrolle.

Doch die männlichen Karrieremuster und die damit verbundenen Rollenbilder verlieren mehr und mehr ihre Gültigkeit. Das Umfeld legt ein Veto ein. Damit kann es eng werden für den Helden: Es gelingt ihm immer weniger, seinen Selbsterwartungen gerecht zu werden.

Rollenspiele

Die Rolle des Hamlet hat Shakespeare vorgegeben. Doch es ist ein Unterschied, ob ein Bruno Ganz sie spielt oder ein Lars Eidinger. Je nach Schauspieler, je nach Person, die sie spielt, wird sie anders interpretiert. Die Person (vom Lateinischen per = durch und sonare = tönen) hat es in der Hand, wie sie die Rolle »durchdringt«. Die Unterschiede können enorm sein, nicht jedoch beliebig. Der Rolleninhaber muss überlegen, wie weit er gehen kann, um der Rolle gerecht zu bleiben und sein Publikum noch zu finden.

Die Schauspielermetapher lässt sich auf Führungskräfte übertragen. Im Unternehmen legt die Organisation unterschiedliche Organisationsrollen fest, die von Führungskräften übernommen und ausgefüllt werden. Auch hier gibt es große Unterschiede: Die eine Führungskraft betont eher die Verantwortung für ihre Mitarbeiter, die andere kehrt den nüchternen Analytiker heraus. Wie im Schauspiel sind an eine Rolle einerseits klare Verhaltenserwartungen geknüpft, andererseits lässt sie dem Rolleninhaber einen sozialen Interpretationsspielraum.

Die Organisation definiert die Rolle – und die Managerin oder der Manager übernimmt und interpretiert sie: So gesehen stellt die Rolle das Bindeglied zwischen Organisation und Person dar. Für Organisationstheoretiker ist die »Rolle« ein Vermittlungsbegriff zwischen sozialen Systemen, also etwa dem Unternehmen, und dem individualpsychologischen Geschehen.

Was geschieht nun, wenn sich die äußeren Verhältnisse und mit ihnen die Organisation ändern? Es liegt auf der Hand: Wenn die Rolle das Bindeglied zwischen System und Person darstellt, wird ein verändertes System neue Rollen vorgeben. Mit dem Ende der »heiligen Ordnung der Männer«, so lässt sich folgern, ändern sich auch die Rollenbilder. Die Schauspieler müssen ein neues Stück erlernen. Oder umgekehrt: Eine neue Rollenwahrnehmung ist die Voraussetzung dafür, dass sich an den organisationalen Verhältnissen etwas ändert.

!

Role Taking und Role Making

Jeder Mensch übernimmt im Laufe seines Lebens zahlreiche Rollen. Viele werden ihm von der Gesellschaft zugewiesen, andere übernimmt er freiwillig. Role Taking bedeutet Übernahme einer Rolle. Damit verbunden sind Erwartungen, die verschiedene Bezugsgruppen an den Übernehmer stellen. Diese Erwartungen können sehr unterschiedlich sein und auch einander widersprechen. Als Vorstand haben Sie es in einer Krise zum Beispiel mit den Erwartungen der Mitarbeiter und des Betriebsrats zu tun, die um ihren Arbeitsplatz fürchten, aber auch mit den Erwartungen der Investoren, die auf schnelle Kosteneinsparungen drängen.

Das Role Making ist die Rollengestaltung – die Art, wie Sie eine Rolle ausfüllen. Sie greifen die Erwartungen auf, interpretieren jedoch die Rolle nach Ihren Vorstellungen. Es existiert also ein gewisser Spielraum, der individuelles, spontanes und kreatives Handeln zulässt. Ihrem Geschick als Führungskraft obliegt es, diese Möglichkeiten auszuloten und zu nutzen, aber auch die Grenzen zu erkennen. Das Role Making funktioniert nur so lange, wie es von der Organisation – den Mitarbeitern, Kollegen, Vorgesetzten – akzeptiert wird.

Wenn sich nun die Verhältnisse und damit die Rollenbilder ändern, wenn es also angesagt ist, neue Rollen zu übernehmen – wie gelingt das? Der Umgang mit Rollen ist von Mensch zu Mensch verschieden und bewegt sich zwischen zwei Polen: einem monolithischen Rollenverständnis auf der einen und einem gekonnten Jonglieren mit vielfältigen Rollen auf der anderen Seite.

Das eine Extrem verkörpern Menschen, die es von sich weisen, überhaupt eine Rolle zu spielen. Diesen Typ findet man weit oben in der Hierarchie. »Zum Industrieschauspieler wäre ich nicht geeignet«, sagte einmal in einem Interview der frühere Bahn-Chef Hartmut Mehdorn. Auch Unternehmer zeigen sich gerne überzeugt davon, dass sie als ganzer Mensch handeln: Sie fühlen sich als autonomes Individuum und tun sich oft schwer mit der Vorstellung, diverse Rollen zu spielen.

Den Gegenpol dazu bilden Menschen, die sich ihrer unterschiedlichen Rollen bewusst sind und es verstehen, mit einem großen »Rollenhaushalt« umzugehen. Sie reflektieren und gestalten ihre Rollen, managen die unterschiedlichen, auch widersprüchlichen Erwartungen – begreifen sich also als echte »Role Maker«. Manager, die sich auf dieses Spiel einlassen, vollführen einen ständigen Balanceakt. So sind sie sich einerseits bewusst, dass die Organisation nur am professionellen Teil ihrer Person interessiert ist, andererseits fördert es ihre Glaubwürdigkeit, wenn sie jenseits der Funktion auch als Mensch sichtbar werden. Gute Führungskräfte geben daher auch ein wenig Privates preis, aber nur so viel, wie es ihre Rolle zulässt. Andernfalls wirken sie unprofessionell, anbiedernd, um Verständnis heischend – »fallen aus ihrer Rolle«.

Der Schluss liegt nahe, dass sich Menschen mit monolithischem Rollenverständnis schwertun, neue Rollen anzunehmen. Sie identifizieren sich vollständig mit ihrer vertrauten Welt, stecken mit Haut und Haar in ihrem Lebensprojekt. Ihnen fällt es schwer, sich davon zu distanzieren. Einwände empfinden sie schnell als Angriff auf ihre Person. Das gilt oft für Unternehmer, die ihr Unternehmen als Lebenswerk sehen und das Gefühl haben, die Firma ist ein Teil von ihnen. Auch bei Managern gibt es den Typ, der sich seiner Aufgabe mit ganzer Person verschreibt – und nicht realisiert, dass er letztlich doch auf verschiedenen Bühnen unterschiedliche Rollen spielt.

Der Erkenntnis, »viele Männer sind im Mann«, könnte da hilfreich sein (wie wir später noch sehen werden).

Ebenso gibt es aber auch Manager, die sich am anderen Pol einordnen lassen: Als »Role Maker« füllen sie unterschiedliche Rollen aus, reflektieren die Möglichkeiten und Grenzen einzelner Rollen und wissen auch, ob sie eine zusätzliche Rolle übernehmen oder eine bestimmte Rolle aufgeben wollen. Meist sind es die etwas jüngeren Manager, die 40- bis 50-jährigen, die sich auf dieses Role Making verstehen und auch ein Stück Person durchblitzen lassen.

Wo stehen Sie, an welcher Stelle zwischen den beiden Polen verorten Sie sich? Als Schlussfolgerung lässt sich festhalten: Je mehr Sie bereits den reflektierten Umgang mit Ihren Rollen gewohnt sind, desto leichter wird es Ihnen gelingen, alte Rollenbilder abzulegen und sich in der neuen Welt, der »next society«, zurechtzufinden.

Das Klassentreffen

Normalerweise stehen bei einem Klassentreffen die glänzenden Fassaden im Wettstreit: mein Auto, mein Job, mein Partner, mein Haus. Jeder zeigt, wie richtig er alles gemacht hat und versucht, den anderen in seiner Darstellung von Glück und Erfolg zu überbieten. Kürzlich war ich bei einem Klassentreffen, das ganz und gar nicht in dieses Muster passte: Das Abitur liegt mittlerweile 35 Jahre zurück, damit auch der Großteil des Berufslebens, die Stimmung ist ungewohnt nachdenklich.

Da ist zum Beispiel Tobias, Vorstandsvorsitzender eines mittleren DAX-Unternehmens. Nach seinem Ingenieurstudium in Karlsruhe hat er sich Stück für Stück hochgearbeitet, war Vertriebsleiter für verschiedene Auslandsmärkte und schaffte schließlich den Sprung nach ganz oben. Wie gewohnt schildert er, wie er Beruf und Privatleben einigermaßen erfolgreich ausbalanciert. Er erzählt von seiner Patchwork-Familie, bei der er sich neuerdings besonders um seinen angeheirateten Sohn kümmert. Doch als er auf seinen Beruf zu sprechen kommt, wirkt Tobias plötzlich ein wenig resigniert – gar nicht so, wie ihn seine einstigen Mitschüler kennen. Er gibt zu, wie sehr ihn der knallharte Konkurrenzkampf, der ständige Druck belastet. »Ich bin froh, wenn der Vertrag jetzt ausläuft«, gesteht er. Weitere fünf Jahre als Vorstandsvorsitzender wolle er sich »nicht noch einmal antun«.

Simon, ebenfalls anwesend bei dem Klassentreffen, hat sich aus dem Berufsleben bereits verabschiedet. Er war Flugkapitän und wurde, wie in diesem Beruf üblich, schon früh pensioniert. Er fragt sich, was er mit dem Rest seines Lebens anfangen soll ...

Karl, Diplom-Betriebswirt, macht einen zufriedenen Eindruck. Er hat schon vor 20 Jahren seine Karriere abgebrochen. Zunächst war es eine Bilderbuchkarriere: Er stieg auf, war mehrmals im Ausland, darunter drei Jahre in den USA, verdiente immer viel Geld und brachte es zum kaufmännischen Geschäftsführer bei einem Maschinenbau-Unternehmen. Als seine Firma eines Tages an einen internationalen Konzern verkauft wurde, hätte er in eine Topposition dorthin wechseln können. Doch Karl lehnte ab und vergab bewusst die Chance auf eine internationale Karriere im Großunternehmen. Das »ganz große Ding«, so glaubt er, hätte ihn aufgerieben: »Die letzten Ellbogen für die oberste Etage eines Weltkonzerns fehlen mir einfach.« Stattdessen begnügt er sich mit einer vergleichsweise bescheidenen Position bei einem Mittelständler. Karl hat Familie mit drei Kindern, darunter einen behinderten Sohn, um den er sich vorbildlich kümmert. Im Rückblick ist er sich sicher, richtig entschieden zu haben. Das umso mehr, als er hört, wie es Matthias und Markus ergangen ist.

Anders als Karl hat es Matthias nicht geschafft, den vorgezeichneten Karriereweg rechtzeitig zu verlassen. Er studierte ebenfalls Betriebswirtschaft, machte anschließend eine mustergültige Karriere bei einer großen Bank und stieg dort zum Leiter des Firmenkundengeschäfts auf. Matthias ist ein korrekter und pflichtbewusster Mensch, eigentlich passend zum Bankgeschäft. Mit den Jahren musste er jedoch feststellen, dass sein Arbeitgeber sich mehr fürs schnelle Geschäft im Investmentbanking als fürs mittelständische Kreditgeschäft interessierte. »Da saß ich das ganze Wochenende, um für einen Kunden einen Kredit über 35 Millionen Euro vorzubereiten«, hat er vor Jahren einmal erzählt, »und am Montagmorgen, vor dem Kreditausschuss, wurde der Antrag ohne vernünftigen Grund abgelehnt.«

Das passte einfach nicht mehr zusammen: Matthias steckte sein Herzblut in die Fälle, bemühte sich ehrlich um seine Mittelständler, während die Bank immer weniger am Firmenkundengeschäft interessiert war. »Das hat mich total aufgerieben«, klagt er jetzt und bedauert zu Karl gewandt: »Hätte ich doch wie du den Mut gehabt und wäre gegangen!« Stattdessen ist er bei der Bank geblieben, bis ihn ein Burnout aus der Bahn warf. Seit mehreren Jahren ist er nicht mehr arbeitsfähig.

Noch schlimmer erging es Markus. Er ist nur noch ein Schatten seiner selbst. Mühsam hat er sich zu dem Klassentreffen geschleppt. Ausgerechnet Markus, der strahlende Held, erfolgreich, immer flott unterwegs, ist völlig abgestürzt: psychischer Zusammenbruch, stationäre Behandlung. Die letzten zwei Jahre verbrachte er 20 Monate in der Psychiatrie. Markus war viele Jahre stolzer Geschäftsführer einer Einzelhandelskette, bis ihn die Insolvenz des Unternehmens aus der Bahn warf. Es gelang ihm, wieder Tritt zu fassen, er arbeitete sich erneut bis in die Geschäftsleitung hoch. Einige Jahre später gründete er ein eigenes Unternehmen, das er durchaus erfolgreich aufbaute. Unterschätzt hatte er jedoch sein hohes Sicherheitsbedürfnis, was dazu beitrug, dass er dem Druck und der unternehmerischen Verantwortung auf Dauer nicht gewachsen war. Überforderung, dazu einige katastrophale Fehlentscheidungen führten schließlich erneut in die Insolvenz.

Mit dem Alter, so zeigt das Klassentreffen, bröckeln die Fassaden. Zum Vorschein kommen die dahinter verborgenen Fragen: »Was macht mein Leben aus? Wie bekomme ich die verschiedenen Ansprüche in Beruf und Familie in guter Weise ausbalanciert?« Simon und Karl blicken zufrieden zurück und sind mit sich weitgehend im Reinen. Tobias ist bis ins Topmanagement aufgestiegen, dort aber nicht glücklich geworden.

Matthias und Markus hingegen sind die Verlierer. Aus Matthias ist nie der Turbobanker geworden, der er eigentlich hätte werden sollen. Er stand für Werte wie Kontinuität und Solidität – und wäre vermutlich als kaufmännischer Leiter bei einem großen Mittelständler glücklich geworden. Den Absprung dahin hat er jedoch verpasst. Markus war der klassische Held, auch ein wahrer Familienpascha. Nie hat er sich helfen lassen, immer den starken Mann herausgestellt. Er ignorierte alle Alarmzeichen. Anstatt den Fuß vom Gaspedal zu nehmen, raste er in den Abgrund.

Was hat das nun mit unserem Thema zu tun, dem Umbruch in der Chefetage? Zunächst ist es ja keine Neuigkeit, dass Lebensläufe ganz unterschiedlich ausfallen. Das Risiko, falsche Lebensentscheidungen zu treffen, gab es schon immer. Ein entscheidender Aspekt jedoch verschärft die Situation und lohnt einen näheren Blick: Die männlichen Karrieremuster, die bislang eine gewisse Stabilität versprachen, verlieren ihre Gültigkeit. Manager, die heute noch an ihnen festhalten, können immer weniger damit rechnen, erfolgreich durchs Berufsleben zu kommen. Die Gefahr, abzustürzen, erreicht eine neue Dimension.

Arbeiten ist leichter als leben

Typische Männerkarrieren verlaufen ziemlich geradlinig: Schule, Einstieg ins Berufsleben. In den darauffolgenden Jahrzehnten bleibt »Mann« dem einmal gewählten Beruf treu. Er steigt in der Hierarchie auf, ähnlich einem Bergwanderer, der auf seiner Route langsam und stetig höher kommt. Beruf, Karriere, Status – diese Begriffe begleiten ihn und prägen seine Identität. Im Beruf findet er Erfolg, Anerkennung und Halt, während er sich der Familie gegenüber in der Rolle des Ernährers sieht.

Arbeiten ist eben leichter als leben, folgert augenzwinkernd der österreichische Philosoph und Unternehmensberater Dr. Bernhard Pesendorfer. »Viele Männer behaupten ja, sie arbeiteten für die Familie, und das so viel, dass sie gar nicht mehr heimkommen in die Familie.« Und weiter: »Vielleicht bin ich da ein schwerer Fall, aber für meine Begriffe ist es wesentlich schwerer, eine Ehe zu führen, als ein paar Arbeitsjahre hinter sich zu bringen. Weil dort, und das sind die unleugbaren Vorzüge der Arbeitswelt, dort werden einem Ziele gesetzt, Strukturen vorgegeben.«[20] Wie es scheint, ein eleganter Weg, um es sich bequem einzurichten und den eigentlichen Problemen des Lebens auszuweichen!

Doch diese Flucht in die Arbeitswelt hat ihre Tücken und funktioniert immer weniger. Was in der Vergangenheit möglich war, nämlich sich den Regeln der Männerbünde zu verschreiben und sich allein auf Beruf und Karriere zu kaprizieren, birgt zunehmend Risiken.

Angst vor Versagen

Der klassische Manager, der sich auf Arbeit, Karriere und Geldverdienen fokussiert, zieht seine Identität vorwiegend aus äußerer Anerkennung und der Akzeptanz in der Männergruppe. Auf den oberen Etagen angekommen, wird er geschätzt und hofiert, darf Vorträge halten oder wird in bedeutungsvolle Gremien eingeladen. Letztendlich ahnt er aber, dass dieses Interesse nicht seiner Person, sondern seiner Rolle gilt. Müsste er Firmenwagen und Visitenkarte abgeben, verlöre er seinen zentralen Identitätsanker. Pesendorfer: »Wenn es tatsächlich so ist, dass ich meine Identität in meiner Gesellschaft, in meiner Nachbarschaft, bei meinen Freunden, ja vor mir selbst, durch meine Arbeit gewinne, wer bin ich dann, wenn ich die Arbeit verliere?«

Die Angst vor dem Versagen sitzt im Nacken. Das gilt heute umso mehr, als immer öfter Brüche die geradlinig geplante Karriere unterbrechen. Die Firma strukturiert um, geht in die Insolvenz oder wird übernommen. Auszeiten stoppen den Aufstieg, Perioden der Arbeitslosigkeit erzwingen Berufsunterbrechungen, manchmal auch berufliche Umorientierung. Zugleich werden, wie schon ausgeführt, die interessanten Positionen nach oben hin rar. Der Konkurrenzdruck nimmt zu, auch weil immer öfter Frauen zum Zuge kommen, manchmal über Quotenregelungen.

Dazu gesellt sich die ständige Angst, eine falsche Entscheidung zu treffen. Zweifel an der Richtigkeit von Entscheidungen verbietet sich. Jeder Rückzug wird als Schwäche attestiert, ein Zaudern als Anfang vom Ende. Jeder versucht, unerschütterliche Größe darzustellen. Doch was passiert, wenn das eigene Leben aus der Spur gerät?

Hinzu kommt: Der Kapitalmarkt mit seiner Logik schaut gnadenlos über die Schultern. Man versucht sich abzusichern, etwa über Berater, Gutachten, Gremien, Haftungsregeln und Versicherungspolicen – was den Entscheidungsprozess verkompliziert, die Risiken aber nur bedingt vermindert. Selbst Topmanager bleiben vor Zukunftsangst nicht verschont, die »Angst ist die Zwillingsschwester von Macht«, wie es der Angstforscher Winfried Panse so treffend formuliert[21].

Wenn Druck und Ängste zum ständigen Begleiter werden, braucht es nicht mehr viel, damit es zur persönlichen Katastrophe kommt. Anlass kann eine Krise sein, ganz gleich ob extern herbeigeführt oder durch eine eigene Fehlentscheidung. Innerlich wird die Krise als eine im Moment unlösbare Situation erlebt. Es droht die Bedeutungslosigkeit, weil die Zugehörigkeit zu den feinen Netzen der Macht und wechselseitigen sozialen Anerkennung verloren geht. Verzweiflung entsteht, man agiert ohne Sinn und Zuversicht, strampelt bis zur Erschöpfung – und die Lage erscheint noch aussichtsloser. Ein Kreislauf entsteht, der in den Abgrund reißt.

Flucht in die Sachlichkeit: Bitte keine Emotionen!

Auch Männer haben Gefühle. Ängste, Befürchtungen, Hoffnungen, Jubel, Eifersucht. Angesichts der Risiken, die ein volatiler Geschäftsgang mit sich bringt oder der Aussicht, womöglich einige 100 Mitarbeiter entlassen zu müssen, ist es eigentlich nachvollziehbar, wenn einem Manager mulmig wird. Doch unter Männern gehört es sich nicht, ängstlich zu sein. Emotionen zu zeigen, gilt speziell in der Arena »Führung« nicht als opportun. Stattdessen appelliert man an sein Gegenüber: »Lass uns das bitte sachlich diskutieren!«

Gegen sachliche Diskussion spricht nichts, solange Ängste und Befürchtungen akzeptiert werden und man einander eingesteht, dass sich eine ungewisse Zukunft nicht wegdiskutieren lässt. Kritisch wird es, wenn der Appell zur Sachlichkeit dazu dient, die Gefühle hinter einer Fassade von Rationalität zu verstecken – wenn die Männerrunde ihre Expertise hervorkehrt und sich in Details verliert, die am Kern des Problems vorbeigehen. So entsteht die paradoxe Situation, dass sich die Teilnehmer einer Besprechung über sachliche Fragen austauschen, ein Außenstehender aber sehr schnell erkennt, dass erhebliche Ängste und Unsicherheiten existieren, die nicht artikuliert werden.

Beispiel !

Dieser Außenstehende kann auch eine Frau sein, die es in die Männerwelt verschlägt, zum Beispiel Vera Müller. Ein großes Technologieunternehmen hatte sie als Bereichsleiterin für die Gesamtlogistik eingestellt. Eine selbstbewusste Frau, sie fährt einen SUV, verdient 300.000 Euro, weit mehr als ihr Mann, ein freiberuflicher IT-Experte. Ihre Mitarbeiter waren durchweg Männer. Sie leis-

tete gute Arbeit, tat sich aber mit der Kultur des Unternehmens schwer und fühlte sich in ihrer Rolle unwohl.
Nach einem Jahr erhielt sie von einem Wettbewerber ein sehr attraktives Angebot. Sollte sie zusagen und wechseln? Eigentlich überwogen die Gründe für den Verbleib im bisherigen Unternehmen. Dann jedoch brach es aus ihr heraus: »Mir geht es um die Sache, ich habe diese Männerspiele leid.« Mitarbeiter und Kollegen, alles Männer, würden ständig auf ihre Frauenrolle anspielen. Immer wieder hätten sie versucht, sie vorzuführen. »Das ist mir zu blöd. Ich möchte einfach meine Arbeit tun!«
Die Managerin entschied sich für die neue Stelle und verließ zum Bedauern ihres Vorgesetzten das Unternehmen.

Der Fall entlarvt sehr anschaulich die scheinbare Sachlichkeit der Männer: Da nimmt man lautstark sachliches Handeln für sich in Anspruch, verhält sich aber gegenüber einer Frau, die eben diese Sachlichkeit einfordert, höchst emotional. Vera Müller wollte genau das, was die Herren zu tun vorgaben: an der Sache arbeiten. Sie wollte in ihrer fachlichen Rolle akzeptiert, anstatt ständig als Frau adressiert zu werden.

Männer verstehen es, ihre Bastion zu verteidigen. Das zeigt dieses Beispiel. Doch eine Führungsriege, die hochqualifizierte Frauen aus dem Unternehmen treibt und mit ihren uneingestandenen Ängsten lieber unter sich bleibt, ist nicht zukunftsfähig. Der Umbruch in der Chefetage wird sich durch solche Abwehrmanöver nicht aufhalten lassen. Wenn aber die Männerbastionen untergehen, verlieren auch die männlichen Karrieremuster ihre Gültigkeit: Die Flucht in die Arbeit hat als Lebensmodell ausgedient.

Familie in exterritorialen Sphären

Mannheim, Hauptbahnhof. Ein kalter Februarabend gegen 18.30 Uhr. Der ICE nach München ist gerade eingefahren. Vor einem Wagen erster Klasse steht ein circa 45-jähriger Geschäftsmann. Er telefoniert etwas angespannt, wohl mit seiner Frau: »Ja, ja, ich weiß, aber es geht nicht anders ... Ich würde gern noch mal Katja sprechen, bevor sie ins Bett geht.« Kurze Pause. »Oh Schatz, wie geht›s dir, wie war es in der Schule?« sagt er offensichtlich zu seiner Tochter. Es ist Mittwochabend. »Nein wir sehen uns heute Abend nicht mehr, ich kann dir leider kein Gute-Nacht-Küsschen geben ... Nein, auch

Donnerstag und Freitag bin ich noch unterwegs, Freitag komme ich ganz spät nach Hause.« Pause. »Schade«, sagt der Mann, und seine Stimme wird immer schwerer, »nein, das geht erst Samstag am späteren Nachmittag. Muss leider noch was vorbereiten im Büro.« Kurze Pause. »Schlaf gut, ich hab dich lieb.« Der Mann steckt langsam das Smartphone in die Manteltasche. Sein Gesichtsausdruck ist traurig. Wie weit wohl seine Familie von ihm weg ist, frage ich mich, als ich unfreiwillig Zeuge des Gesprächs werde.

Die Familie – weit weg, auf exterritorialem Gebiet. Noch immer sehen sich die meisten Männer in der Rolle des Ernährers. Sie verdienen das Geld und als Gegenleistung erwarten sie eine funktionierende Familie. In dieser Ernährerrolle lässt es sich bequem einrichten – wie gesagt: Arbeiten ist leichter als leben. Andererseits zeigt die Szene am Mannheimer Hauptbahnhof: Es gibt ein Leben außerhalb der Arbeitswelt, das sich eben doch nicht so einfach verleugnen lässt.

Es stimmt schon: Die Arbeit gibt Struktur und Halt, Identität und Sicherheit. Sie ermöglicht es, den familiären Anforderungen zu entfliehen und sich gegen die Emotionen und Unsicherheiten der Außenwelt abzuschotten. Doch die Arbeitswelt verliert allmählich diesen Schutzcharakter. In dem Maße, in dem sich diese sicher geglaubte Männerwelt auflöst, müssen Männer umdenken und ihren Lebensentwurf umfassender anlegen. Sie entdecken, dass dazu auch ein erfülltes Privatleben gehört. Gleichzeitig funktioniert es immer weniger, Frau und Familie auf exterritoriales Gelände zu verbannen. Spätestens wenn die Frau selbst einen Beruf hat und Geld verdient, gibt sie sich nicht mit einem »Ernährer« zufrieden, der glaubt, mit dem Abliefern von Geld seine Schuldigkeit getan zu haben.

Keine schlechte Entwicklung! Blieben Männer bislang häufig von der Anstrengung verschont, sich selbst und ihre Emotionen zu managen, weil sie es sich in der hierarchischen, klar strukturierten Arbeitswelt einrichtet hatten und dort unwidersprochene Geltung fanden, wird von ihnen jetzt ein »Erkenne-dich-selbst« abverlangt. Immerhin gibt es schon Vorbilder – Topmanager, denen die Balance von Erwerbsarbeit, Familienarbeit und Gefühlsarbeit glückt.

Doch wie soll das gelingen, woher soll ein Mann neben seiner fordernden Arbeit die Zeit und emotionale Kraft nehmen, seinen Kindern als Vater und seiner Frau als Partner zur Verfügung zu stehen? »Er muss sie der Männerwelt, also der Berufswelt, abziehen, die ihrerseits aber ganz eifersüchtig reagiert«, führt Pesendorfer aus. »Das bedeutet, dass wir die Loyalität zur Männerbande abschwächen müssen, damit wir die Zeit bekommen, die wir brauchen, wenn wir Männer auch Väter, Liebhaber und Ehemänner sein wollen.«[22] Ein Dilemma!

Besuch der Lauterbacher Mühle

»Eine erfolgreiche Frau klappt zusammen. Ihr Körper zieht die Notbremse, nichts geht mehr. Die Diagnose: Burnout. In einer Klinik im Allgäu beginnt sie, einen ‹Brief an mein Leben' zu schreiben.« Mit diesen Sätzen beginnt der Verlagstext für das Buch »Brief an mein Leben: Erfahrungen mit einem Burnout«, in dem die Kommunikationswissenschaftlerin Mirjam Meckel ihren eigenen Absturz schildert. Das Buch wurde ein Bestseller und half dem Thema aus der Tabuzone. Bei den Herren der Er-Schöpfung hat sich indes nicht viel geändert. Sie äußern sich eher selten oder gar nicht über ihr persönliches Scheitern. Der Begriff »Burnout« wird gerade noch akzeptiert, erlaubt er es doch, sich damit ein bisschen als Heroe der Arbeitswelt zu gerieren.

Nun möchte ich nicht den Eindruck erwecken, dass Manager auf breiter Front absturzgefährdet oder gar therapiebedürftig sind. Eine realistische Problembeschreibung darf jedoch die Schattenseiten der gegenwärtigen Umbruchphase nicht übergehen. Es braucht den Mut, auch die Dinge zu benennen, über die Männer – insbesondere Manager, Unternehmer, Wirtschaftsführer und Techniker – in der Regel schweigen. Wenn Sie mit sich im Reinen sind, können Sie dieses Teilkapitel auch überblättern – oder Sie lesen es und sehen sich darin bestätigt, dass Sie rechtzeitig die richtige Karriereentscheidung getroffen haben.

Steigen wir tiefer in das Thema ein – mit einem Besuch der Lauterbacher Mühle, einer Privatklinik, die auf die besonderen Anforderungen einer Klientel aus den Chefetagen eingerichtet ist. Burnout und Zusammenbruch zählen zu den Schwerpunkten der Klinik, ebenso Herz-Kreislauf-Erkrankungen. Die Patienten erwarten eine umfassende internistisch-kardiologische Diagnostik sowie ein interdisziplinäres Behandlungskonzept, bestehend aus psychosomatischer Therapie, Physio-, Bewegungs- und Kunsttherapie.

»Ich bin wie im Tunnel« – ein oft gewähltes Bild für scheinbare Ausweglosigkeit

Hilferuf der Seele: Psychosomatische Beschwerden

Totaler Absturz, was heißt das konkret? Wann ist der Punkt erreicht, ab dem nichts mehr geht? »Im Regelfall ist die Grenze erreicht, wenn Menschen spüren, dass sie nicht mehr belastbar sind, dass sie rasch ermüden, keine Erholung mehr finden und eine depressive Stimmungslage auftritt«, erklärt Dr. med. Franz Theisen, Internist bei der Privatklinik Lauterbacher Mühle. Häufig leiden überforderte, zu sehr gestresste Menschen auch an Schlafstörungen und starten den Tag gerädert und abgeschlagen. Anlass für eine ärztliche Untersuchung sind dann meistens organische Beschwerden in Form von Herzproblemen, Magen-Darm-Beschwerden, Beschwerden der Wirbelsäule und des Bewegungsapparates.

Interessanterweise können die Ärzte dennoch häufig keine organischen Erkrankungen ausmachen. Typisches Beispiel: Ein Patient sucht die Klinik wegen Herzbeschwerden auf, befürchtet einen Herzinfarkt oder Herzrhythmusstörungen – doch die Untersuchung ergibt, dass er eigentlich gesund ist. »Letztlich sind wir über solche Fälle auf das Phänomen des Burnout gekommen«, führt Dr. F. Theisen aus. »Viele Patienten kamen mit organischen Symptomen in die Klinik. Sie hatten zum Beispiel Schmerzen,

Rückenbeschwerden, Verspannungen, Herz-Rhythmus-Störungen oder Durchfälle. Sie ließen sich durchchecken – und wir stellten fest, dass sie organisch gesund waren.«

Einerseits erfreulich, andererseits unbefriedigend: Die Beschwerden existieren ja! Dr. F. Theisen bezeichnet diese »organischen Symptome« als einen Hilferuf der Seele: »Das sind Menschen, die die seelischen Signale – ich bin erschöpft, ich kann nicht mehr – nicht wahrhaben wollen und erst hellhörig werden, wenn sie plötzlich organische Symptome spüren. Dann gehen sie zum Arzt, der nichts findet, weil nicht der Körper krank ist, sondern die Seele. Die Symptome sind im wahrsten Sinne des Wortes psychosomatisch.« Das heißt: Die überbelastete Psyche löst somatische Beschwerden aus und führt schließlich zu dem, was gemeinhin als Burnout bezeichnet wird.

Gefangen im Hamsterrad

Burnout – oft wird das so geschildert: Der Feind ist unsichtbar, schleicht sich auf tückische Weise ein, plötzlich geht nichts mehr. Erschöpfung, Zusammenbruch, das System kollabiert. Wie kann es so weit kommen? Wo liegen die Ursachen?

Ein zentrales Stichwort lautet Fremdbestimmung. »Man kann viel arbeiten, sogar extrem viel arbeiten, ohne sich zu erschöpfen – nämlich dann, wenn man es gerne tut, es einem leicht von der Hand geht, man gutes Feedback erhält, wenn man dabei kreativ sein kann und erfolgreich ist«, sagt Dr. F. Theisen. Entscheidend ist also, ob ein Mensch nach seinen Werten und Bedürfnissen lebt und das Glück hat, dies auch im Beruf tun zu können – oder ob er in seinem Handeln fremdbestimmt ist. »Wer fremden Zwängen unterliegt und sich dazu zwingt, Dinge zu tun, die nicht seinen Grundbedürfnissen entsprechen, hat einen maximalen negativen Stress.« So kommt es zum Beispiel, dass langzeitarbeitslose Männer über 50 Jahre – »also Menschen, die überhaupt nicht arbeiten, aber gerne arbeiten möchten, aber nicht dürfen ...« – in Deutschland das höchste Herzinfarktrisiko haben. Sie erleben eine soziale Abwertung, können sich aus eigener Kraft aus ihrer Lage nicht befreien und fühlen sich fremdbestimmt durch Politik und Wirtschaft.

Auch Manager sind in Sachzwänge eingebunden, häufig auch fremdbestimmt und überfordert. Um die Dauerbelastung abzumildern, kommt es darauf an, persönliche Grenzen zu setzen und sich Erholungs- und Rückzugsräume zu verschaffen. »Ich kenne durchaus Persönlichkeiten, die sich solche Freiräume nehmen«, erklärt Dr. F. Theisen. Wer als Topmanager strukturiert und effektiv arbeitet, so zeigen Beispiele, kann auch eine feste Mittagsruhe einhalten, abends zwischen 18 und 19 Uhr nach Hause gehen und am Wochenende die Seele baumeln lassen.

Klingt nachvollziehbar. Doch wie soll man im konkreten Fall reagieren, wenn der Vorgesetzte um 18 Uhr mit einer dringenden Aufgabe auftaucht, die bis zum nächsten Morgen erledigt werden soll? Vermutlich wird der Angesprochene sich gleich drei oder vier Stunden hinsetzen und die Aufgabe noch am Abend erledigen. Es gibt in solchen Situationen immer zwei Beteiligte, gibt Dr. F. Theisen zu bedenken: den Chef, der Arbeit und Leistung fordert, und den Mitarbeiter, der Ja sagt. »Nichts spricht gegen Leistung, gegen Arbeit, gegen Ehrgeiz – ohne diese Eigenschaften wäre unsere Gesellschaft nicht existenzfähig und erfolgreich. Aber es geht darum, dass der Einzelne auch Grenzen zieht und für sich eine Struktur findet. Diese Grenzen muss jeder für sich selber erkennen, denn die Belastbarkeit eines Menschen ist ganz unterschiedlich: Der eine ist schon erschöpft, wenn der andere gerade erst warmläuft.«

Keine Grenzen ziehen, tun, was der Chef sagt – das kann tiefsitzende Ursachen haben. »Solches Verhalten hat oft mit dem Bedürfnis zu tun, geliebt zu werden«, erklärt Dr. F. Theisen – was häufig auf eine frühkindliche Prägung zurückgeht: »Das waren meistens Kinder, die von ihren Eltern gelernt haben: Ich werde nur anerkannt und geliebt, wenn ich funktioniere und Leistung bringe.« Diese Haltung haben diese Menschen so verinnerlicht, dass sie heute geradezu süchtig nach der Anerkennung sind. Aus Angst vor dem »Liebesentzug« ihres Chefs sind sie bereit, Überstunden zu machen oder das Wochenende durchzuarbeiten.

Einem Burnout-Patienten gilt es als Erstes klarzumachen, was da im Verborgenen abläuft: dass nicht nur das System oder der »böse Chef« schuld sind, sondern hier auch ein psychologischer Mechanismus stattfindet, der diese permanente Überforderung abverlangt. Dr. F. Theisen: »Der Patient muss erkennen, dass er wie ein Hamster immer wieder ins Rad springt, wenn einer kommt und sagt: Hier mach das, dann lieb ich dich!« Erst wenn der Betroffene sich diesen Reflex bewusst gemacht hat, kann er im nächsten Schritt das notwendige Selbstbewusstsein entwickeln, um die eigenen Grenzen zu definieren und durchzusetzen. Dann gelingt es auch, selbstbestimmter zu handeln und den »Liebesentzug« des Chefs einigermaßen gelassen hinzunehmen.

! **Kompass**

Fakten und Zahlen

Großen Einfluss auf die Gesundheit und Leistung im Unternehmen hat die gesunde Selbstfuhrung des Topmanagements. In Unternehmen, in denen das Topmanagement sich selbst gesund führt, ist die emotionale Erschöpfung der direkten Mitarbeiter um 23 Prozent geringer, die emotionale Erschöpfung im gesamten Unternehmen um 14 Prozent.

Kernaussage

Noch immer sehen sich viele Männer in der Rolle des Ernährers. Sie glauben, mit dem Abliefern von Geld ihre Schuldigkeit getan zu haben und dafür eine funktionierende Familie als Gegenleistung zu verdienen. Dieses typisch männliche Karrieremuster verliert seine Gültigkeit: Manager, die heute noch daran festhalten, können immer weniger damit rechnen, erfolgreich durchs Leben zu kommen. Sie laufen Gefahr zu scheitern – bis hin zum totalen persönlichen Absturz.

Gedanken des Autors

»Ist das wirklich so?«, frage ich mich kritisch, wenn ich mit Abstand auf das Kapitel schaue. Vielleicht ergeht es Ihnen als Leser auch so: Ich lasse im Kopf die Menschen Revue passieren, denen ich in den letzten Jahren begegnet bin. Ein gemischtes Bild. Unterdessen kommt eine TV-Dokumentation mit hoher Brisanz in der ARD: »Einsame Spitze, Top-Manager am Limit.« In sehr offener Weise sprechen vier prominente Ex-Manager über ihre Zweifel und Versagensängste, fast ein längst überfälliger Tabubruch. Beleuchtet wird auch das Grundmuster dahinter: die Härte und der Druck, nach dem Motto »Wer nicht weiß, wo es langgeht, wird ausgetauscht« oder »Sie müssen das Ziel erreichen, sonst droht der Absturz«. Und damit der soziale Ausschluss. Daher auch die Angst zu versagen, als Damokles-Schwert.

Ich habe den Film zweimal angeschaut. Er macht betroffen, aber stimmt auch ein Stück zuversichtlich: Man kann diese Dinge behutsam ansprechen. Mit

Respekt und Klarheit. Und: Es ist Zeit für einen Wandel. Er deutet sich in vielen Bereichen an.

Teil 2: Machtverschiebungen

2.1 Next Society

Mein Interesse gilt der Zukunft, denn ich werde den Rest meines Lebens dort verbringen.
Charles Kettering, amerikanischer Ingenieur, Erfinder und Philosoph

Wie jeden Morgen blättere ich durch die Zeitung. Schreckliche Bilder des Krieges in Syrien, Marc Zuckerberg besucht München, seine Preisverleihung ist sogar im Feuilleton beschrieben, Genfer Autosalon mit kraftstrotzenden SUVs und Elektroautos, Disruption, das Buzzword dieser Tage, dazu ein Artikel über Fintechs. Heute ist Donnerstag, da kommt noch eine Wochenzeitung, die ich extra beziehe, um mir bei der Rolle des gesellschaftlichen Deuters helfen zu lassen. Bücher stapeln sich. Doch wo ist der archimedische Punkt, wo der rote Faden, die große Erzählung?

Wer die Gesellschaft von Morgen, die Next Society, skizzieren will, bewegt sich auf unsicherem Terrain. Er muss bewerten und selektieren. Was ist wirklich relevant, wirklich zukunftsweisend? In der Folge übernehme ich das Wagnis, einige Spuren zu legen – und möchte das komplexe Geschehen, das die neue Gesellschaft bestimmt, in einem Wort bündeln: Digitalisierung.

Dabei konzentriere ich mich vor allem auf drei Autoren. Der erste, der mir mit seinen Thesen und Gedanken zu Hilfe kommt, ist Dirk Baecker. Der Soziologe und Systemtheoretiker steht weder im Ruf ein Pragmatiker, noch ein Lieferant einfacher Rezepte zu sein; vielmehr ist er bekannt dafür, auf aktuelle Fragestellungen angemessen komplexe Antworten zu liefern. Er erspart es dem Leser nicht, die »Übersetzungsarbeit« seiner Theorie in den eigenen Kontext selber vorzunehmen. Eine Umfrage, auf die 722 Manager antworteten, unterstreicht seinen Einfluss: Auf die Frage, bei welchen Managementvordenkern sie sich Impulse für ihren Führungsalltag holen, rangiert Dirk Baecker mit seinem Werk »Postheroisches Management« auf den vorderen Rängen.[23]

Die beiden anderen Vordenker, auf die ich mich stütze, sind Armin Nassehi und Andreas Rödder. Nassehi ist ein deutscher Soziologe und Luhmann-Schüler. Rödder ist Historiker und hat sich intensiv mit der Geschichte der letzten 30 Jahre befasst. Der weitsichtige Blick des Historikers hilft dabei, Zusammenhänge einzuordnen und Ereignisse zu relativieren, die unter dem Eindruck der Tagesaktualität gerne überbewertet werden.

Suche nach der großen Linie

Zugegeben, das ist eine starke Vereinfachung. Indem ich eine Vorselektion vornehme und das Thema »nächste Gesellschaft« am Begriff der Digitalisierung festmache, klammere ich zahlreiche Themen aus. In meiner Skizze der künftigen Gesellschaft kommen weder Krieg und Migration vor, ebenso bleiben Entwicklungen etwa in den Bereichen Kunst, Kultur oder Städtebau ausgeblendet. Doch um die für unser Thema entscheidenden gesellschaftlichen Veränderungen aufzuzeigen, genügt es, den Scheinwerfer auf den digitalen Wandel zu richten.

Dahinter steht die Überlegung, dass eine Gesellschaft entscheidend von den vorherrschenden Medien und den daraus resultierenden Kommunikationsformen geprägt wird. Ohne zu sehr ins Theoretische abzuschweifen: Gesellschaft ist nicht die Summe der Einzelpersonen, sondern ein soziales System und damit ein komplexes Phänomen mit einer eigenen Logik. Die Gesellschaft besteht aus Teilsystemen, etwa Politik, Wissenschaft, Recht, Wirtschaft und Religion. In diesen Teilsystemen wird kommuniziert – in jedem anders, mit eigener Logik, Leitunterscheidung und eigenen Sprachspielen. Entscheidend für die Ausgestaltung einer Gesellschaft sind daher die dominierenden Kommunikationsmedien. Diese wiederum werden heute zunehmend von der Digitalisierung bestimmt.

Digitalisierung ist längst in aller Munde. Letztlich zielt sie ab auf die Vernetzung mit Hilfe von Computern in allen beruflichen und privaten Aktivitäten der Menschen. Sie durchdringt die Infrastruktur, die Organisationen, die Gesellschaft. Elektronische Rechner durchkämmen wachsende Datenspeicher und bringen mit Hilfe raffinierter Algorithmen und statistischer Verfahren neuartige Erkenntnisse – Stichwort Big Data. Auch in Ihrem Manageralltag sind Sie laufend mit dem Thema konfrontiert. Sie verfolgen Diskussionen, wie Handel 4.0 oder das Internet der Dinge das Umfeld verändern und sich auch auf Organisation und Führung auswirken. Was sich da andeutet, wirft die Frage auf, ob Maschinen nicht bald auch bestimmte Managementfunktionen übernehmen könnten. Durchaus möglich!

Deutlich wird, dass Digitalisierung nicht nur ein Modewort ist. Es geht eben nicht nur darum, ein paar Computer miteinander zu verbinden, sondern um eine weitreichende technologische Innovation mit unabsehbaren gesellschaftlichen Auswirkungen. Treten wir also einen Schritt zurück und fragen: Was ist das Epochale an dieser Entwicklung?

Medienepochen

Das Epochale am digitalen Wandel lässt sich am ehesten begreifen, wenn wir ihn in den Kontext vergangener Medienepochen stellen. Hier folge ich Dirk Baecker, der die Digitalisierung in einer Reihe mit der Einführung von Sprache, Schrift und Buchdruck sieht[24]. Jedes dieser Medien hat Kommunikation und Verständigung grundlegend verändert und eine neue Gesellschaftsordnung hervorgebracht (wobei die Dominanz eines Mediums die Existenz anderer Medien nicht ausschließt). Werfen wir einen Blick auf die verschiedenen Medienepochen:

- Wie die Menschheit zur Sprache fand, ist nicht bekannt – Charles Darwin nahm an, dass sich dieser Prozess vor Jahrmillionen vollzog. Unbestritten sind jedoch die weitreichenden Auswirkungen: Beschränkte sich bislang die Kommunikation auf Gesten und Laute, wurde durch Sprache die mündliche Überlieferung möglich. Auch Sachverhalte wie Irrtum und Täuschung machte Sprache möglich.
- Vor rund 5.000 Jahren entstand die Schrift. Gedanken ließen sich nun aufschreiben. Damit explodierten die Zeithorizonte einer Gesellschaft – denn das Aufgeschriebene lässt sich aufbewahren und morgen oder übermorgen wieder lesen. Jetzt konnten sich nicht nur Anwesende an der Kommunikation beteiligen, sondern auch abwesende Menschen, die ihre Gedanken aufgeschrieben hatten. Menschen konnten Ereignisse und Verhältnisse dokumentieren, aber auch Ziele und Ideen über die Zukunft notieren: Die Schrift ermöglichte von nun an Zugriff auf eine differenzierbare Vergangenheit, aber auch auf eine offene Zukunft.
- Der Buchdruck wurde im 15. Jahrhundert erfunden und begründete die moderne Gesellschaft. Wieder waren die Konsequenzen enorm. Man

konnte Ideen durch Flugblätter verbreiten, Zeitungen und Zeitschriften herausgeben. Jeder konnte nun jederzeit alles lesen und jeden anderen vor dem Hintergrund des Gelesenen kritisieren. Dirk Baecker: »Die Kritik dynamisiert die Kommunikation der Gesellschaft. Aufklärung, Vernunft und Bildung sind streng genommen bereits Sekundärinnovationen, die diese regelrecht wildgewordene Kritik in geordnete Bahnen zu lenken haben.«

- Der Computer leitete das Zeitalter der Digitalisierung ein und hat uns an die Schwelle zur »nächsten Gesellschaft« geführt. Das Internet verknüpft Menschen in Echtzeit miteinander; vielfältige digitale Medien fördern das Denken in Netzen. Die Mechanismen, wie wir denken und die Dinge wahrnehmen, ändern sich. Zum Beispiel stellen Hypertextstrukturen andere Anforderungen an das Gehirn als ein gedruckter Text. Kommunikation in Netzwerken wie Facebook oder Xing unterliegen anderen Gesetzmäßigkeiten als ein runder Tisch.

Sprache, Schrift, Buchdruck und Computer: Jedes dieser Medien brachte einen erheblicher Zugewinn an Möglichkeiten – Dirk Baecker spricht von »Überschuss-Sinn«. Ihm zufolge zeigt sich eine Gesellschaft vom epochalen Medienwechsel zunächst überfordert, reagiert auch ablehnend, sucht dann aber nach Wegen, die neuen Möglichkeiten zu nutzen, also mit dem »Überschuss-Sinn« umzugehen. »Jede dieser Medienepochen ist durch einen Überschuss-Sinn gekennzeichnet, der die vorherige Ordnung bedroht und nur in einer neuen Ordnung aufgefangen werden kann.«

Shortcut: Vom ersten Apple-Computer (1976) zur vernetzten Welt 2016

Umbrüche in allen Lebensbereichen

Nun also der vierte große Umbruch, dominiert von Computer und Digitalisierung! Wie bei Sprache, Schrift und Buchdruck sind die Veränderungen epochal, wieder entsteht eine Fülle neuer Möglichkeiten und Gefahren. Wir stecken mitten in der Transformation zur »nächsten Gesellschaft«: Die horizontale Kommunikation in Netzwerken schafft intransparente, hochkomplexe Situationen – vergleichbar mit den Vernetzungen im Gehirn, das mit seinen Synapsen ohne eine zentrale Instanz auskommt. Die Folgen sind Undurchschaubarkeit, Autoritätszusammenbruch, aber auch eine unglaubliche Beschleunigung, eine gegenseitiges Hochschaukeln.

Damit nicht genug: Auch Maschinen fangen an, untereinander zu kommunizieren. Dabei tauschen sie nicht nur Signale aus, sondern sind auch in der Lage, mit Nichtwissen umzugehen. Es entstehen intelligente Maschinen, subjektive eigensinnige Akteure, die miteinander verbunden sind und Funktionen übernehmen, die noch vor kurzem nur Menschen zugestanden worden wären. Digitalisierung gerät damit zu einem sozialen und kulturellen Prozess, bei dem sich Maschinen an der Kommunikation beteiligen und die übrigen Akteure – Menschen, Teams, Organisationen –sich darauf einstellen müssen. Ein Beispiel sind die Rechner von Amazon: Sie melden sich ungefragt zu Wort und überraschen uns mit ihren Mitteilungen, etwa welche Bücher wir lesen sollten. Die Vernetzung mit intelligenten Maschinen kann nützlich sein, ärgerlich, erschütternd, auf jeden Fall ist sie unvermeidlich: Ob für Einkauf, Bildung, Partnersuche, Gesundheit oder Fitness – für nahezu jeden Lebensbereich gibt es heute schon die passende App.

Denken und Kommunizieren in Netzwerken löst die lineare Kausallogik ab und weist in die neue Welt. Die heilige Ordnung erodiert, die »nächste Gesellschaft« gewinnt an Raum. Dem Alten »überlagert sich die Komplexität einer neuen Verschaltung von Mensch und Maschine, Körper, Bewusstsein und Gesellschaft, die im Fadenkreuz analoger und digitale Verrechnung eher freigesetzt als gezähmt wird«, wie es Dirk Baecker beschreibt.

Es droht Destruktion im Schumpeterschen Sinne, nicht allein bei den Unternehmen: Struktur und Kultur des Bisherigen, Institutionen, Konventionen und Routinen – kurzum alle Lebensbereiche sind betroffen. Schon heute löst diese Entwicklung heftige Debatten aus und treibt den Feuilletonisten und Leitartiklern den Schweiß auf die Stirn, etwa wenn es um kritische Abrechnungen mit dem Internet oder um die Macht der großen Player geht. Wir stecken mitten drin im Umbruch!

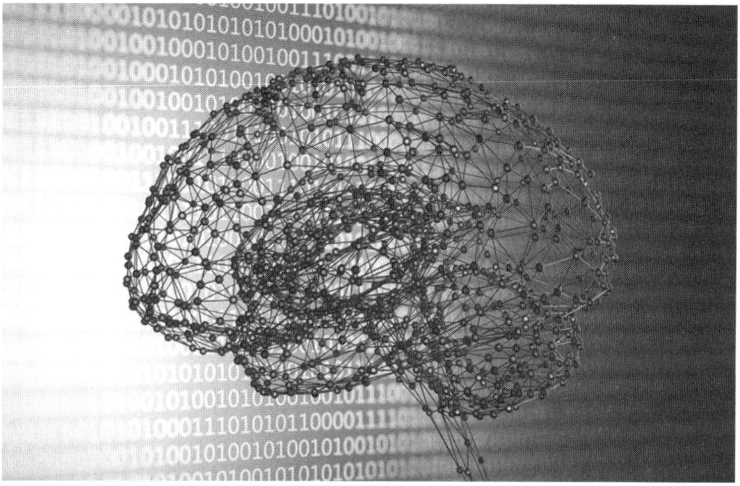

Hirn als komplexes Netzwerk: Die Digitalisierung schafft überraschende Verschaltungen und bringt völlig neue Formen der Vernetzung. Denken und Kommunizieren in der neuen Welt: Netzwerke lösen die lineare Kausallogik ab. Fotalia

Angenommen, Sie sind ein innovativ eingestellter Manager, jenseits der 40, noch von der alten Welt geprägt: Vermutlich verfolgen Sie fasziniert das Geschehen. Ihre praktische Intelligenz hilft Ihnen, sich relativ rasch auf die neuen Medien einzulassen. Notfalls helfen ja ab einem gewissen Alter auch die Kinder auf die Sprünge, um den Umgang mit Facebook, Twitter oder Instagram zu verstehen. Und doch fällt es schwer, die Denkweisen und Konzepte der vorherigen Epoche loszulassen. Es bereitet Schwierigkeiten, die neuen Phänomene der Gleichzeitigkeit und Rückkopplung in den eigenen Gedanken- und Gefühlsapparat einzubauen. Gut möglich, dass Sie noch immer auf der Suche nach einem fixen aristotelischen Ziel sind – nach Halt suchen, wo es keinen Halt mehr gibt.

Humor mit Tiefen-Struktur !

Medienwechsel:

Der Vater erzählt seinem heranwachsenden Sohn von früher. »Ja, vor gut 40 Jahren, da gab es noch keine Computer.« Der Sohn erstaunt: »Aber Papa, wie seid ihr denn dann ins Internet gekommen?«

Szenenwechsel:
Ähnlich erging es mir vor einigen Wochen, als ich mit meiner elfjährigen Tochter Amelie eine schicke Möbelausstellung besuchte. Als kontrastierendes Schmuckstück stand da eine sehr alte Schreibmaschine, die meine Tochter, stets interessiert an Technik, gleich auszuprobieren versuchte. Ein erster, fast entrüsteter Kommentar: »Aber wo ist denn hier die Löschtaste?«

Epochenwechsel:
Für Schriftsteller, Literaten, Journalisten und andere schreibende Menschen war der Computer lange Zeit so etwas wie eine bessere Schreibmaschine. Doch wie käme es an, heute einem Kind gegenüber von einer Schreibmaschine zu reden, wenn es gerade mit seinen Fingern über den Bildschirm streicht, ein Foto macht, ein Spiel spielt oder mit der körperlich abwesenden Mama plaudert? Einfach zum Lachen!

S

Die kleinen Däumlinge

Der französische Philosoph Michel Serres, Jahrgang 1930, verfasste eine Liebeserklärung an die vernetzte Generation – eine Geschichte an seine Enkelkinder. Sein Büchlein »Erfindet euch neu!« beschreibt die Schwelle zur neuen Gesellschaft: da die Alten, dem Bisherigen verhaftet, dort die junge Generation, die kleinen Däumlinge. Ein poetischer Zugang, der den epochalen Wandel illustriert.

Wie Kognitionswissenschaften zeigen, ruft der Gebrauch von Büchern und Heften andere Hirnregionen und Neuronen auf als die Nutzung des Internets, der Besuch von Wikipedia und Facebook oder das Lesen und Schreiben von Nachrichten mit dem Daumen. Die kleinen Däumlinge, so folgert Serres, haben nicht mehr den gleichen Kopf: Sie wurden formatiert durch die Medien und ihre Programme und haben es sich im Virtuellen eingerichtet.

Vielleicht etwas idealistisch beschreibt Serres, wie diese Generation sich durch die Tiefen des digitalen Alls bewegt – und zeigt den Älteren damit die Dimensionen der Veränderung auf. So anschaulich wie humorvoll führt er vor Augen, was es heißt, die Kognitionsbüchse – und damit ein Gedächtnis tausendmal leistungsfähiger als das eigene – in seinen Händen zu halten. Obsolet geworden ist, was unter Gebildeten als Ausweis einer besonderen Qualifikation gilt: sich den Platz eines bestimmten Buches in seiner Bibliothek zu merken und sofort darauf zugreifen zu können. Dies erledigt eine Suchmaschine in Sekundenbruchteilen.

Alle über 40 sind noch die Kinder des Buches und die Enkel der Schrift. Unsere Kinder hingegen sind bereits die Geschwister der digitalen Welt, einer Welt, die alle Lebensbereiche erfasst hat, von der Gesundheit über die Bildung bis zu Sport und Spiel – und gegen die das Sprachrohr der gedruckten Schrift kaum ankommt. Ein Beispiel: Früher war der Hörsaal ein Kraftfeld und sein zentraler Punkt das Katheter, ein Brennpunkt, ein Power Point im Wortsinn, wie Serres es ausdrückt. Dort herrschte die größte Wissensdichte, außerhalb des Hörsaals fehlte sie ganz. Heute hingegen ist das Wissen überall verteilt, es findet sich in einem vernetzten, offenen Bewegungsraum.

Das vernetzte Kommunizieren führt zu wechselseitigen Benotungen und zur Aufhebung der Asymmetrie. Glaubte man früher, dass alles von oben nach unten fließt, von den Mächtigen zum Volk, vom Führer zum Geführten, neigt sich diese Zeit nun dem Ende zu: Es geht um Wechselseitigkeit, Zirkularität und Interdependenz. Serres vergleicht die daraus resultierende Komplexität mit der Situation beim Bergsteigen: Je mehr Bergsteiger, deren Wege sich in einer Felswand kreuzen, ihre Seile zu entwirren suchen und daran ziehen, umso mehr verfestigen und verknoten sie sich. Danke an Michel Serres für dieses treffende Bild – zeigt es doch, dass der Versuch, sich der Komplexität durch einfaches Ziehen zu entledigen, diese nur noch steigert. Sprich: Jeder Versuch, Komplexität zu vereinfachen, verkompliziert die Lage noch mehr.

Skizze der neuen Gesellschaft

Versuchen wir nun, die beschriebenen Änderungen zu einem Gesamtbild zusammenzufügen. Wie sieht aus dem Blickwinkel des Managers die neue, von der Digitalisierung getriebene Gesellschaft aus? Worauf hat er sich einzustellen? Die Antwort möchte ich an drei zentralen Begriffen festmachen: Komplexität, bounded rationality, Instabilität. Die drei Aspekte sind gut anschlussfähig an das Thema Führung – eignen sich also, ein Bild der Next Society speziell im Kontext unseres Themas zu skizzieren.

Aspekt 1: Komplexität

Vor 100, ja noch vor 20 Jahren war die Welt ziemlich überschaubar. Anders heute: Vielfalt und Mehrdeutigkeit sind an der Tagesordnung, die Dinge sind miteinander verflochten und verändern sich rasant. Und dieser Trend verstärkt sich mit dem digitalen Wandel noch weiter. Zentrales Merkmal der nächsten Gesellschaft ist daher die Komplexität. Gerade auch Manager müssen sich hierauf einstellen.

Als Manager im Unternehmen agieren Sie in einem dynamischen System. Es existieren vielfältige Rückkoppelungen und Wechselseitigkeiten, die wiederum Interferenzen und Resonanzen erzeugen und neue Eigenschaften herausbilden. Es ist unmöglich geworden, das System linear, also durch einen einfachen Ursache-Wirkung-Mechanismus zu steuern. Schwere Kost für Manager der alten Schule! Zumal die Unmöglichkeit, das System linear steuern zu können, sie nicht von ihrer Verantwortung freistellt, die Organisation zu führen und die Ziele zu erreichen.

An allen Ecken und Enden lauert Komplexität, oft überbordend, so ist es oft im managerialen Alltag zu hören: in der Unternehmensführung, in Organisationsprozessen, in Forschung und Entwicklung, in Controlling und Buchführung, in Produktion und Marketing. Was ist unter Komplexität zu verstehen, besonders bei komplexen Systemen, mit denen Führung zu tun hat? Ist das ein Mangel an Ordnung, ungenügende kognitive Durchdringung, ein Zuwenig an systematischer Planung und Organisation? Oder gar das leicht resignative Achelzucken: »Da ist wenig zu machen, also schauen wir lieber nicht so genau hin, bringt eh nichts und kostet nur Zeit.« Vor allem fünf Faktoren prägen das Ausmaß an Komplexität im System Unternehmen und im Unternehmensumfeld[25]:

Verflechtung: Das ist das Feld der wechselseitigen Vernetzung von Themen und Personen, kurzum: »Alles ist mit allem und jedem verbunden« – wenn auch nicht in gleich starker Weise. Ökonomische, soziale, politische Prozesse sind miteinander verwoben, beeinflussen sich, sind rückgekoppelt und können sich unerwartet hochschaukeln. Jedes Ereignis ändert die Ausgangsbedingungen für die nächste Handlung, unter denen ein Unternehmen agiert – und das nur aufgrund der Vielfalt der laufenden Prozesse. Anders als etwa beim Schachspiel sind diese Änderungen nicht mehr planbar. Hinzu kommt: Auf jede Aktion, die ein Entscheider vornimmt, reagieren andere Akteure – oder auch nicht. Dies ist besonders relevant im Feld der Führung.

Vielfältigkeit der Perspektiven: Zu jedem Problem, jedem Prozess, jeder Entscheidung nehmen vielfältige Stimmen, Perspektiven und Meinungen Einfluss – sei es von Kunden, Wettbewerbern, Mitarbeitern, Aktionären, Regierungen und vielen anderen Interessierten oder gar, bedingt durch unerwartete Vernetzungen, aus völlig überraschenden Richtungen. Sie wollen sich Gehör verschaffen, können ihr Veto einlegen oder setzen unerwartete Grenzen. Jeder blickt dabei durch seine persönliche Brille – mit seiner Weltsicht und seinen Interessen.

Alles ist im Fluss: Hinzu kommt, dass die Welt nicht stillsteht, während Führung nachdenkt. Im Gegenteil: Das Tempo wird immer schneller. Die Organisation und ihre Akteure sind ständig schnellen Wechseln ausgesetzt. Daher machen es Fluss und Tempo unmöglich, »die Zukunft eines Unternehmens vorherzusagen, geschweige denn zu kontrollieren«.

Mehrdeutigkeit, auch Ambiguität: »Ist das noch tragbar, oder nicht mehr? Wird sich das bessern?« Solche klassischen Führungsfragen wollen beantwortet werden, lassen jedoch verschiedene Interpretationen zu. Die Thematik ist mehrdeutig, auch das ist ein Kennzeichen von Komplexität. Diese Ambiguität, die mit unvollständiger Information und oft unklaren Ursache-Wirkung-Beziehungen einhergeht, läuft ständig (oft nur im Hintergrund) mit und »trägt zu einem eklatanten Mangel an Klarheit bei«. Sie fordert Führung, die auf klare Entscheide optioniert ist, heraus. Eine klare »So-ist-es«-Setzung fällt hier schwer.

Emergenz: Es gibt mechanische, triviale Systeme, bei denen sich die Gesamtleistung aus den einzelnen Komponenten additiv aufbauen lässt. Das ist die Welt der Technik. Wenn etwas kaputt ist, braucht es den kundigen Ingenieur, der die Maschine repariert. Anders soziale Systeme, mit denen Führung fast ausschließlich zu tun hat – sei es das eigene Unternehmen, die Kundensysteme bis hin zur Gesellschaft und ihren Netzen: Diese Systeme funktionieren anders. Ihre Eigenschaft ist die Emergenz, wie Systemtheoretiker sagen. Gemeint ist die Fähigkeit, durch das Zusammenspiel der aufeinander bezogenen einzelnen Teile etwas entstehen zu lassen, was mehr ist als die Summe der Teile. Das Neue zeigt Eigenschaften, die nicht von den einzelnen Komponenten bestimmt werden, sondern von den Verknüpfungen untereinander. Das hört sich zunächst hoffungsvoll an – aber man denke an die Folgen von gut gemeinten, aber missglückten Werbekampagnen, oder wichtiger noch: an die vielfältigen Auswirkungen ökologischer Versäumnisse.

Eine zentrale Herausforderung der Next Society lautet also: Wie kann man Komplexität im Unternehmensumfeld auch nur annähernd halbwegs fassen und managen, auch wenn es nie gelingen wird, die Dynamiken vollständig zu verstehen? Klar ist: Es gilt Abschied zu nehmen von Kontrollillusionen: Kontrolle ausüben zu können, ist eine Illusion. Als Manager stehen Sie vor der Aufgabe, Ihr Verhältnis zu Problemen und Problemlösungen zu überdenken: Eine eindeutige oder gar eine einfache Lösung wird es für die meisten Probleme nicht mehr geben. Der Manager der nächsten Gesellschaft wird »sich vom schlichten Ursache-Wirkung-Denken und damit von bewährten Strategien der Problemlösung verabschieden müssen. Die traditionellen Managementansätze basieren auf Command und Control – ein Ansinnen, das unter komplexen Verhältnissen kaum noch zu befriedigenden Ergebnissen führt.

Aspekt 2: Bounded Rationality

Das zweite Merkmal, das die neue Gesellschaft charakterisiert, lässt sich mit dem Begriff bounded rationality beschreiben. Die Idee einer bounded rationality, einer begrenzten Rationalität, hat sich in der Tradition Vilfredo Paretos in der Wirtschafts- und Organisationstheorie etabliert. Einer der ersten, der sie aufgegriffen hat, war der Wirtschaftsnobelpreisträger Herbert A. Simon; vertieft wurde sie von Vordenkern wie Luhmann und Weick.

Begrenzte Rationalität meint, dass die Perspektive des Entscheidungsfähigen und zu Entscheidung Genötigten seine Grenzen in seinen eigenen Perspektiven, seinen begrenzten Informationen und seinen Interessen findet. Der Möglichkeit, sich vollständig zu informieren, sind Grenzen gesetzt – es gibt kognitive, ressourcenbezogene und zeitliche Beschränkungen. Angesichts der Vernetzungen und Rückkoppelungen ist immer mit Begrenzungen zu rechnen: Die Umwelt lässt sich nicht vollständig analysieren, man ist gezwungen, Grenzen zu ziehen oder zu akzeptieren und mit Unschärfen zu leben.

Aspekt 3: Instabilität

Auf allen gesellschaftlichen Feldern nehmen Ungewissheit und Instabilität zu. Alte und neue Probleme überlagern sich, das Geflecht wird immer undurchschaubarer. Es ist das Zeitalter der Schwarzen Schwäne: Ereignisse treten auf, die für sich genommen selten und höchst unwahrscheinlich sind. Das mag Václav Havel wohl geahnt haben, als er sagte: »Wir sind alleine im All, und nichts ist sicher.«

In einer komplexen Welt schafft jeder Eingriff unvorhergesehene Folgen. Marktliberalisierung führt zu Staatshaftung, Vernetzung und intelligente Technologien bringen Spionage, unternehmerischer Erfolg erzeugt Wachstumsschmerzen. Die Liste ließe sich beliebig fortsetzen. Es gibt keine Eindeutigkeit mehr. Expertise jagt Expertise, Gutachten lässt Gegengutachten folgen – und beide sind wissenschaftlich fundiert. Die Gegenwart hat ein stupendes Expertenwissen über alles hervorgebracht und meist auch über das jeweilige Gegenteil. Treffen die prognostizierten Krisen ein oder bleiben sie aus? Aber wann ist es so, und wann ist es anders?

Terra incognita liegt vor uns. Die Gegenwart ist der immerwährende Beginn einer Zukunft, die sich mit Mitteln des klassischen Managements nicht planen lässt. Die Next Society verlangt eine andere Sichtweise, einen oft radikalen Bruch mit der Vergangenheit. Beispiele zeigen, welche Möglichkeiten sich dann eröffnen: Google entwickelte sich von der Suchmaschine zum breit aufgestellten Konzern, Elon Musk fing mit Paypal an, einem System für digitale Überweisungen, und wurde zum Visionär einer fundamentalen Energiewende. Was im Nachhinein logisch nachvollziehbar erscheint, erforderte in Wirklichkeit Imagination und Handeln unter Ungewissheit.

Von solchen Beispielen lässt sich lernen, was als Kompass in einer neuen, unsicheren und instabilen Welt hilft: Offenheit statt Selbstgewissheit. Das gilt auch für Ihren Alltag als Manager – gerade auch für das Thema Führung, wie wir noch sehen werden.

Kein Platz mehr für Helden

Wenn Komplexität, begrenzte Rationalität und Instabilität die neue Welt beherrschen, müssen sich Manager auf weitreichende Konsequenzen einstellen. Ein innovatives Unternehmen der nächsten Gesellschaft wird nicht mehr »nach der Maßgabe der Betriebswirtschaftslehre, sondern nach der Maßgabe der Sozialpsychologie gestaltet und gelenkt werden«[26], erwartet Dirk Baecker. Es gelte daher, die Perspektive der Management-Philosophie zu erweitern – hin zu einem Management, das ebenso mit der Wirtschaft wie mit der Gesellschaft rechnet. Manager sind dann nicht nur »Rationalitäts-Virtuosen«, sondern wissen auch, dass es auf einen klugen Blick auf die Verhältnisse ankommt. Ihnen ist klar, dass sie ihrer Organisation nicht jede Kostenrechnung und nicht jeden Gewinn zumuten können. Das erfordert Fähigkeiten, die viele Manager sich erst noch aneignen müssen: Konzentration und Achtsamkeit, Umgang mit Unerwartetem, das Aushalten von Ambiguität, auch die Fähigkeit, den nächsten Schritt ohne detaillierten Plan tun zu können.

Der Held alter Prägung hat in solchen Unternehmen keinen Platz mehr. In der neuen, von Komplexität und Instabilität geprägten Welt gibt es keinen Allwissenden mehr, der alles vorhersehen und das Unternehmen alleine steuern kann. Die neue Gesellschaft braucht andere Heldenbilder – darauf kommen wir später zurück.

Kompass !

Fakten und Zahlen

Laut der Unternehmensberatung Gartner werden 2020 etwa 26 Milliarden Objekte im Internet der Dinge vernetzt sein. Zählt man Laptops, PC und Smartphones dazu, deren Zahl 2020 bei rund 7 Milliarden liegen wird, kommt Gartner auf 33 Milliarden. Das Marktforschungs- und Beratungsunternehmen International Data Corporation (IDC) kommt auf fast die gleiche Zahl und schätzt, dass 2020 32 Milliarden Objekte mit dem Internet verbunden sein und diese dann 10 Prozent der weltweiten Daten produzieren werden. Eine aktuelle Studie von MIT Technology Review geht von 28 Milliarden vernetzter Objekte aus.[27]

Kernaussage

Komplexität, bounded rationality, Instabilität – mit diesen drei Begriffen lässt sich die Next Society beschreiben: Manager werden es mit hochkomplexen Verhältnissen zu tun haben, mit Situationen, die sich nicht mehr allein rational durchdringen lassen, und mit einem von Unsicherheit und Instabilität beherrschten Umfeld. Der allwissende Held alter Prägung hat hier keinen Platz mehr.

Gedanken des Autors

Der Teppich bleibt weggezogen. Wir werden uns wohl daran gewöhnen müssen, an das Widersprüchliche und Sprunghafte. An die Unsicherheit. Dies gilt übrigens auch für uns als externe Gesprächspartner von Führungskräften und Organisationen. Wir können einen bereichernden externen Blick anbieten, einen anderen Blickwinkel – aber selbstverständlich wissen wir es letztendlich nicht besser. In dieser Situation empfiehlt sich die Haltung des Fragens, des Forschens, des vorsichtigen Explorierens – aber auch klaren Feedbacks mit innerer Stabilität. Ob sich das schon überall herumgesprochen hat?

Übrigens habe ich mir vor einigen Tage einen Instagram-Account eingerichtet, meine Tochter konnte mir einige wichtige Hinweise geben. Sie war vor mir da ...

2.2 Next Organisation

Dass überhaupt organisiert wird, flößt uns viel mehr Hochachtung ein, als was und wie eigentlich organisiert wurde.
Kurt Tucholsky

X-Organisation, ein Kongress an Vordenkern in Berlin, wobei das x für das Unbekannte steht.

Wie sehen Organisationen aus, die den Herausforderungen der nächsten Gesellschaft gerecht werden? Es liegt nahe, zunächst einen Blick auf die Startups zu werfen, die schon heute in der digitalen Welt zuhause sind und selbst den Wandel zur nächsten Gesellschaft mittragen. Dabei fällt vor allem eines auf: Hier arbeiten Menschen interdisziplinär in Netzwerken zusammen. Darin einbezogen sind nicht nur die Mitarbeiter des eigenen Unternehmens, sondern auch Kunden, Lieferanten und viele andere externe Akteure.

Um es an einem Beispiel zu verdeutlichen: Neulich lernte ich ein Spin-off der ETH Zürich kennen, dem 25 Mitarbeiter aus den verschiedensten Disziplinen angehören. Einer neuen Produktidee nähert sich das kleine Unternehmen zunächst aus sozialwissenschaftlicher Perspektive: In welche Lebensverhältnisse wäre dieses Produkt eingebettet? Ein entsprechend geschultes Kernteam aus Industrial Designern und Ingenieuren stellt ethnografische Beobachtungen an und eruiert den kulturellen, sozialen und psychologischen Anwendungskontext – und treibt dann das Projekt weiter bis zum Produkt.

Auffallend war, wie sehr sich die Mitarbeiter dieses Unternehmens bemühen, die Kunden zu verstehen und sich in deren Welt hineinzudenken. Man begnügt sich nicht, Kunden und Interessenten einfach nur zu befragen, sondern man begleitet sie, sieht ihnen zu oder sucht sie abends beim Stammtisch auf. Zu spüren ist auch das Anliegen, mit seiner Arbeit einen Beitrag für eine lebenswerte Zukunft zu leisten. Jenseits des geschäftlichen Ziels, ein erfolgreiches Produkt auf den Markt zu bringen, liegt den

Mitarbeitern auch daran, mit ihrem jungen Unternehmen in das gesellschaftliche Umfeld hineinzuwachsen.

Untereinander vernetzt und zugleich eng verwoben mit Kunden, Lieferanten und Umfeld: So lässt sich die Organisation dieses Startups beschreiben – und so ist es auch kennzeichnend für die »Next Organisation«. Kleine wendige Organisationen erobern die Märkte und lassen große Organisationen alt aussehen. Doch allein der Blick auf die Startup-Szene gibt noch keine befriedigende Antwort darauf, wohin sich die klassische Organisation bewegt: Welche Form wird sie finden, um den Stürmen und Beben des disruptiven Wandels gewachsen zu sein? Sicherlich werden künftige Organisationen weniger hierarchisch und weniger funktional sein, stattdessen mehr in Richtung einer Netzwerkstruktur gehen. Wie ausgeführt (Kap. 1.1) gibt es bereits Versuche, die überkommene »heilige Ordnung der Männer« durch andere Organisationsformen zu ersetzen – Schlagworte sind hier das »demokratische Unternehmen« oder die »agile Organisation«.

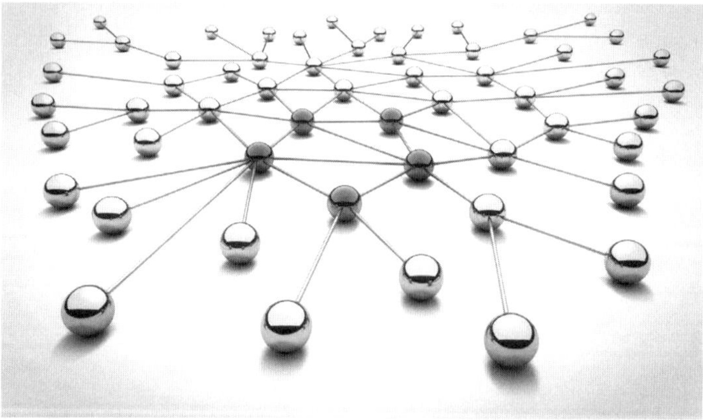

Zukunft der Organisation : Hybride Strukturen zwischen Netzwerk und Hierarchie (Fotolia)

Nun ist der Wandel einer Organisation an sich kein neues Thema. Meist haben große Organisationen intern einen schlechten Ruf, weil sie mit Bürokratie, Verwaltung, Plänen, Forecasts und endlosen Besprechungen assoziiert werden. Klar ist aber auch, dass es ohne Organisationen nicht geht – und diese sich deswegen ständig weiterentwickeln oder in Intervallen neu aufstellen müssen. Doch die aktuelle Situation, der digitale Wandel mit der damit verbundenen Komplexität und Vielschichtigkeit ändert die Verhältnisse so grundlegend, dass es noch kaum möglich ist, allgemein gültige Grundsätze zu zukünftigen Organisationen aufzustellen. Vielmehr erscheint es notwendig, »Organisation« erst noch von Grund auf neu zu denken, um der Zukunft adäquat begegnen zu können. Im Folgenden sei versucht, hierfür einige Leitplanken zu setzen.

Verteilte Intelligenz und Vielfalt

Ein zentrales Merkmal künftiger Organisationen lässt sich mit dem Begriff der »verteilten Intelligenz« beschreiben. »Distributed intelligence« nennen Informatiker IT-Architekturen, in denen Komponenten und damit Lösungen, Geschwindigkeiten, Kapazitäten und operative Einheiten nicht fest verbunden, sondern lose gekoppelt sind. Dieses Prinzip ist auf Organisationen übertragbar. Bezeichnenderweise ist Losekopplung auch ein Begriff aus der Systemtheorie: Während im Falle einer »Wenn-dann-Beziehung« eine enge Kopplung vorliegt, lassen lose Kopplungen Freiheiten zu. Die Akteure können sich frei aufeinander einstellen und auf Veränderungen flexibel reagieren. Dabei sind sie nicht von einer Zentralsteuerung abhängig, sondern mit eigener Intelligenz ausgestattet.

Die losen Kopplungen ermöglichen es den Akteuren, sich flexibel aufeinander einzustellen und dementsprechend schnell und adäquat auf Veränderungen zu reagieren. Verteilte Intelligenz macht eine Organisation daher vergleichsweise robust und reaktionsfähig gegenüber Veränderungen im Umfeld. Entscheidend für ihre Funktionsfähigkeit ist es, die Schnittstellen klar zu gestalten – das Schnittstellenmanagement erlangt eine hohe Bedeutung.

Mit der verteilten Intelligenz einher geht die Idee der horizontalen Führung: Für einen Manager kommt es vor allem darauf an, über Funktionen hinweg mit den Kollegen derselben Hierarchieebene wechselseitig zu agieren und klarzukommen. Die Herausforderung liegt darin, unterschiedliche Logiken, Formen und damit auch Personen zusammenzubringen.

Eng verbunden mit dem Prinzip der verteilten Intelligenz ist der Gedanke der Vielfalt, der schon seit geraumer Zeit unter dem Begriff »Diversity« Schlagzeilen macht: Die Organisation setzt bewusst auf plurale Intelligenz, also die Vielfalt an Eigenschaften und Perspektiven, die Menschen durch ihr Alter, Geschlecht oder ihre Herkunft aus unterschiedlichen Nationen und Kulturen einbringen.

Verteilte Intelligenz und Vielfalt innerhalb der Organisation stellen eine adäquate Antwort auf die zunehmende Komplexität der Umwelt dar – denn einem komplexen Umfeld lässt sich nur durch eine entsprechend komplexe Organisation Paroli bieten. Hinter dieser These steht eine zentrale Erkenntnis der Kybernetik, die auf den Briten William Ross Ashby (1903-1972) zurückgeht. Dieses Ashbysche Gesetz besagt im Kern: Je vielfältiger die Handlungsoptionen eines Systems sind, desto mehr kann es sich der Vielfältigkeit seiner Umwelt durch Selbststeuerung anpassen.

Fluide und wendige Systeme

Wenn horizontale Netzwerke die Hierarchien überlagern, teilweise auch auflösen, verschwimmen zugleich die Grenzen zwischen Unternehmen und Umfeld. Mitarbeiter unterhalten vielfältige Kontakte, die über die Unternehmensgrenzen hinausgehen – etwa zu Kunden, Partnern, Zulieferern und anderen Interessensgruppen. Die unternehmensinternen Netzwerke sind somit in externe Netzwerke eingebettet. Auf diese Weise entstehen fluide Systeme. Gemeint sind damit durchlässige Systeme, die zur Außenwelt hin nicht abgeschlossen sind, sondern in regem Kontakt zu ihr stehen.

Fluide Systeme sind ein weiteres Merkmal, das die Organisation der nächsten Gesellschaft prägen dürfte. Die Rede ist gelegentlich auch von grenzenlosen Organisationen, was ich für zu weit gegriffen halte. Denn eine Organisation braucht Grenzen, um eine Identität herausbilden zu können. Um sich nicht in den Netzwerkknoten zu verfangen, sind klare Schnittstellen und damit durchaus auch Strukturen notwendig. Ohne eine gewisse Hierarchie wird auch die Organisation der Zukunft nicht auskommen können.

In jüngerer Zeit werden jede Menge Organisationsideen gehypt, die vom demokratischen Unternehmen über fluide Systeme bis zur agilen Organisation reichen. Bei allen Unterschieden stimmt die Grundrichtung überein:

Vernetzung und Beweglichkeit sind die Kernanforderungen, die an künftige Organisationen gestellt werden. Dem Zukunftsbild am ehesten nahekommen, dürfte die Idee der agilen Organisation, die nach dem Motto »Beweglichkeit statt Planbarkeit« verfährt und damit das Unternehmen für unvorhersehbare Ereignisse rüstet. In solchen wendigen Systemen finden sich die beschriebenen Leitplanken künftiger Organisationen wieder: verteilte Intelligenz, Diversität, horizontale Netzwerke. Sie stellen um von einem mechanischen Organisationsverständnis auf ein eher organisches Selbstverständnis. Wobei organisch heißt: ein Verzicht auf Durchplanbarkeit zu Gunsten eines hohen Maßes an Selbstorganisation und einem eher inkrementellen Vorgehen.

Leitbild der agilen Organisation sind eigenverantwortliche Teams – kleine, lose gekoppelte Einheiten, die sich konsequent am Markt ausrichten. Hierarchie und zentrale Steuerung treten in den Hintergrund, stattdessen sorgen eine klar formulierte Vision und Unternehmensstrategie für die notwendige Orientierung. Anstatt sich mit internen Prozessen aufzuhalten, sind die Teams von außen nach innen organisiert. Über ihre Netzwerke stehen sie ständig in Kontakt mit Kunden und Lieferanten und verbessern auf diese Weise kontinuierlich ihre Lösungskompetenz. Sie reagieren flexibel auf neue gesellschaftliche Anforderungen und Kundenwünsche – und wahren so ihre Innovationsfähigkeit in einer sich schnell wandelnden Welt.

Die Entstehung hybrider Strukturen

Große Organisationen werden beides benötigen: Elemente aus der agilen und der hierarchischen Organisationslogik. Schon heute beobachtet Dr. Thomas Schumacher, Partner der osb Wien Consulting GmbH und Leiter des Forschungsprogramms Systemisches Management an der Universität St. Gallen, vor allem in international aufgestellten Großunternehmen »die parallele Existenz unterschiedlicher Gliederungslogiken, mit denen die Organisationen auf die vielfältigen Anforderungen aus ihrer Umwelt zu reagieren versuchen«[28].

! Zur Vertiefung: Beidhändigkeit ist gefragt!

Auch eine Form von Paradoxie: »sowohl als auch«. Zum Glück können das Organisationen: die Kombination von **Exploitation** (Ausnutzung von Bestehendem) und **Exploration** (Erkundung von Neuland). Der Ansatz geht auf den Organisationsforscher J. G. March zurück, der als Gigant der Organisationstheorie das Thema vor über 20 Jahren jenseits reißerischer Moden schon beschrieben hat. J. G. March nähert sich dem Thema unter dem Fokus des Wissens und des organisationalen Lernens an, also der Frage, wie mit Unternehmensstärken und der organisatorischen Wissensbasis umgegangen wird. Er beschreibt das Lernverhalten von Unternehmen aufgrund zweier gegensätzlicher Praktiken im Umgang mit Wissen. Diese orientieren sich an der Nutzung der bereits im Unternehmen vorhandenen Wissenspotenziale (Exploitation) sowie der Generierung gänzlich neuen Wissens von außerhalb des bisherigen Tätigkeitsfeldes (Exploration).

- **Exploitation** steht dabei für die Nutzung vorhandener Potenziale, die Optimierung vorhandener Prozesse, Strukturen, Technologien usw., für die Erhaltung des gegenwärtigen Status quo. Daraus resultiert ein Immer besser (im Sinne von effizienter) Machen. Die Ergebnisse sind unmittelbar sichtbar oder besser: in den Bilanzen ablesbar und meist gut planbar. Hier wird mit dem Ansatz der starken Kopplung (der Prozesse, der Führungshandlungen, der Systeme, der Kommunikation etc.) gearbeitet, d.h.: »wenn ..., dann ...«, ist sicher, stabil hintereinandergeschaltet, maschinenhaft.
- **Exploration** steht für die Suche nach neuen Möglichkeiten, für das Experimentieren mit alternativen Prozessen, Strukturen, Technologien usw. und für das laufende Überdenken des gegenwärtigen Status quo. Die Resultate sind unsicher und erst langfristig sichtbar. Hier sind die Prozesse schwach gekoppelt, können sprunghaft, erkundend, offen, sozusagen kreativ unberechenbar sein, eher organisch, bis zum Chaotischen.

In beiden Fällen lauert eine Falle:

- **Exploitation-Falle**: Neben den stets mitlaufenden Gefahren einer starken Effizienzoptimierung (zu wenig »Slack« für Anpassungen und Engpässe) liegt die Falle besonders in Folgendem: Falls sich die Firma entschließt, stärker auf ein explorierendes Vorgehen umzustellen, also auch vom Lernstil her umzuschalten, und Neues wagt, wird diese mit hoher Sicherheit zu Beginn wirtschaftlich nicht an die Erfolge des Stammgeschäftes herankommen. Meist im Gegenteil: Da das explorierende Betreten von Neuland noch ungeübt ist, sind keine raschen Erfolge zu erwarten, sodass nach ersten Schritten, gar nach Misserfolgen der Ruf aufkommen kann: »Schuster, bleib bei deinen Leisten«, oder gar die Bedenkenträgerkeule »Rechnet sich nicht, haben wir gleich gesagt«. Aus dem Ausbruch aus eingefahrenen Gleisen wird dann rasch wieder ein Einschwenken auf den alten Trampelpfad.

- **Exploration-Falle:** Hier sieht das Muster wie folgt aus: Mutig, pionierhaft wird Neuland betreten, nach ersten Erfolgen stockt das Vorhaben. Ursache sind Fehler, Unperfektheiten, mangelnde Routinen, sei es, dass das verwendete Material für die kreativ ausgetüftelte Anwendung nicht hält, sei es das Übersehen wichtiger Interfaces und vieles mehr. Anstatt stärker auf den Lernmodus »Rasch auswerten, besser machen, Optimieren« zu setzen, wird erneut mutig das nächste Vorhaben in Angriff genommen, was meist nach dem gleichen Muster abläuft. Auf diese Weise werden Lernchancen vergeben, viele Ressourcen versenkt. Am Ende stellt sich das Gefühl ein: »Wir kommen nicht vorwärts.« Aus der Fehlerkultur als Humus der Innovation wird dann ein Grab.

Der Königsweg – in der Theorie leichter beschreibbar als im organisationalen Alltag realisierbar – ist eine balancierte Form der Anpassung, der Innovation. In der Fachsprache heißt das: Ambidextrie.
Für die Automobilhersteller z.B. heißt das: den Spagat zwischen konventionellen Antrieben (Benzin, Diesel) und elektrifizierten Antrieben zu meistern.

Es läuft also auf eine hybride Organisation hinaus, die parallel zur bestehenden Organisationsarchitektur neue Strukturen aufbaut. Einerseits existieren weiterhin die klassischen Routinestrukturen, die an die Hierarchie angelehnt sind. Andererseits benötigt das Unternehmen auch agile Innovationsstrukturen jenseits der Hierarchie. Zum Beispiel übernimmt anstelle einer funktional verankerten Entwicklungsabteilung ein übergreifendes Team die Verantwortung für den gesamten Innovationsprozess. Je nach Phase einer Entwicklung werden unterschiedliche Bereiche und Experten in das Team einbezogen.

Dem Organisationsexperten Schumacher folgend bestimmen vor allem drei Elemente die Weiterentwicklung der klassischen Organisation:

- Crossfunktionale Teams agieren eigenverantwortlich und hierarchieunabhängig. Ein solches Team hat die notwendigen Fähigkeiten, um selbst unternehmerische Entscheidungen zu treffen. So kann es handeln, »ohne funktionsübergreifend langwierige Abstimmungsschleifen zu durchlaufen«[29].

- Netzwerke übernehmen viele Entscheidungsfindungs- und Problemlösungsprozesse – was mit den traditionellen Gepflogenheiten radikal bricht: Die Akteure eines Netzwerkes orientieren sich nicht mehr am klassischen Hierarchieverständnis, sondern am Prinzip der Reziprozität im Sinne eines Gebens und Nehmens, auch eines wechselseitigen Kontrollierens.
- Neben der hierarchischen Kommunikation bilden sich neue Kommunikationsarchitekturen heraus, die für das Funktionieren der Netzwerke und crossfunktionalen Teams erforderlich sind, aber auch eine Rückkopplung mit der Hierarchie ermöglichen. Hierzu zählen zum Beispiel Kommunikationsplattformen für überregionale Meetings oder die Zusammenarbeit bei Innovationen.

Die Herausforderungen, vor denen die meisten Unternehmen noch stehen, sind enorm: Es gilt, die unterschiedlichsten Organisationsprinzipien – von der hierarchischen Steuerung über matrixartige Strukturen bis hin zur Arbeit in Netzwerken – gleichzeitig zu bewältigen.

Misfit für das Fit von morgen

Während der digitale Wandel voranschreitet, verharren die meisten Unternehmen organisatorisch in der Vergangenheit. Veränderungen verunsichern und lösen Ängste aus. In den Chefetagen wird die heilige Ordnung verteidigt, aber auch im mittleren Management und bei Mitarbeitern stoßen Change-Projekte auf Widerstand. Es fällt relativ leicht, neue Strategien wie etwa die Expansion auf neue Märkte durchzusetzen. Doch bei neuen Strukturen hört der Spaß im Allgemeinen auf: Nun sind Positionen oder gar Hierarchieebenen bedroht, Machtaspekte und Arbeitsplätze tangiert. Es drohen unangenehme Diskussionen und Turbulenzen, denen man lieber aus dem Weg geht.

An dieser Stelle gilt es in Erinnerung zu rufen: Unternehmerisch zu agieren, ist nun einmal mit Risiko behaftet. Als Manager in verantwortlicher Position ist es an der Zeit, bestehende Strukturen aufzubrechen und aktiv mit neuen Formen zu experimentieren – Stichworte sind verteilte Intelligenz, Diversität, Netzwerke. Auf diese Weise gilt es, das Misfit für das Fit von morgen zu wagen: heute bewusst Dinge neu kombinieren, die klassisch nicht zusammengedacht werden, aber morgen passen können. Das erfordert Augenmaß, Geduld und Balancegefühl, vergleichbar mit der Entwicklung einer neuen Technik im Bergsteigen: Free Solo ist nicht auf der grünen Wiese entstanden, sondern auf der Basis des bisher Gewachsenen – verbunden mit dem Mut, etwas Neues zu entwickeln.

Kompass !

Fakten und Zahlen
Mehr als die Hälfte von 1.500 weltweit befragten CEOs hält die gestiegene Komplexität für künftig nicht mehr beherrschbar.

Kernaussage
Ohne Struktur und eine gewisse Hierarchie wird auch die Organisation der Zukunft nicht auskommen. Entscheidend wird es jedoch sein, eine Organisationsform zu finden, die der zunehmendem Komplexität der Umwelt gerecht wird. Wesentliche Merkmale einer solchen Organisation sind verteilte Intelligenz, Diversität und Agilität.

Gedanken des Autors
Fraktale Organisationen, modulare Organisationen, holografische Organisationen, demokratische Organisationen – es wird viel experimentiert beim Versuch, zu neuen Ufern des Organisierens zu gelangen. Es gibt kaum Erfahrungen und wie so oft in dieser Welt läuft die Theorie der Praxis hinterher. Auch beobachte ich eine immer größere Spreizung zwischen denen, die sich bemühen, ihre monolithischen Tanker mit einer Matrix-Organisation flottzubekommen, und möglicherweise bei der Idee einer Unternehmensdemokratie nur den Kopf schütteln. Und denen, die in sehr ernsthafter Weise reflektieren und mit neuen Formen experimentieren, dies auch als soziale Innovation verstehen.

2.3 Agil und zukunftsoffen führen

Wenn du sehen willst, lerne zu handeln.
Heinz von Förster

Wenn sich Gesellschaft und Organisation ändern, wenn digitale Medien die hierarchischen Kommunikationswege unterlaufen: Wie funktioniert dann Führung? Klar: Der Polarstern, das oberste Ziel der Führung bleibt die Überlebenssicherung der Organisation. Doch welche Form der Führung braucht es, um in der neuen Welt zu überleben, einer Organisationswelt, die immer mehr von den klar strukturierten Entscheidungskaskaden abrückt?

Wahrscheinlich haben Sie zum Thema Führung schon zahlreiche Seminare besucht oder Bücher und Artikel gelesen. Überfliegen Sie doch einmal die folgende Liste – Sie werden staunen, womit Sie sich schon alles beschäftigt haben!

TQM	Mitarbeitergespräch	PM	Fachliche Führung	Navigation	Motivation
Leadership	Zielvereinbarungen	op. Planung	Regelkommunikation	Innovationsmanagement	Feedback
Transformation	QM	Sinn	Lean-Management	Effizienz	Master Control
Navigationsinstrumente	Governance	GAP	Strategieentwicklung	Controlling	Budgets
Ebit	Umdenken	Team	Leitbild	Turnaround	Vision
Emotional power	Strukturen	Digital	Empowerment	Work-Life-Balance	Control
Human Relations	Koordination	Matrix	Incentives	Results	Virtuelle Teams
Recruiting	Dezentral	KVP	Ressourcenpool	Analytik	Division
Talent Pool	Strategischer Fokus	ROI	Portfolio	Corporate Strategy	Mission

Intrapreneurship	Divers	Synergie	Five Forces	Wertmanagement	Profit Center
Kommunikationsfähigkeit	Chaos Management	SWOT	Engpass	Forecast	Konzept
Outsourcing	Hybrid	PIMS	Lebenszyklus	Rhetorik	System
Reinventing	Strategic Issue	Cloud	Joint Venture	Netzwerk	ABC
Acceleration	Core Business	Tool	Well being	Knowledge Management	SGE
Performance	Agilität	Trust	Open Innovation	Design Thinking	Bias
Risikobereitschaft	Dialog	Review	Diversity	Integral	CSR
Personalentwicklung	Methode	Quote	Transparenz	Aufsichtsrat	Cloud
Coaching	Klarheit	Stress	Shareholder	Commitment	Konflikt
Business excellence	Assessment	EFQM	Syntegration	Beyond budgeting	360 Grad
Pricing	top down	Level 5	Balanced Scorecard	spooling	CFO
Employer Branding	Kanban	Scrum	Shareholder Value	...	...

Fragt sich nur: Welchen Stellenwert hat das für die neue Welt? Was lässt sich übertragen, was muss Führung neu adaptieren? Welche Denkansätze sind jetzt entscheidend? Wo müssen sich auch mentale Modelle ändern, jenseits des Handwerkskastens und persönlichen Rüstzeugs?

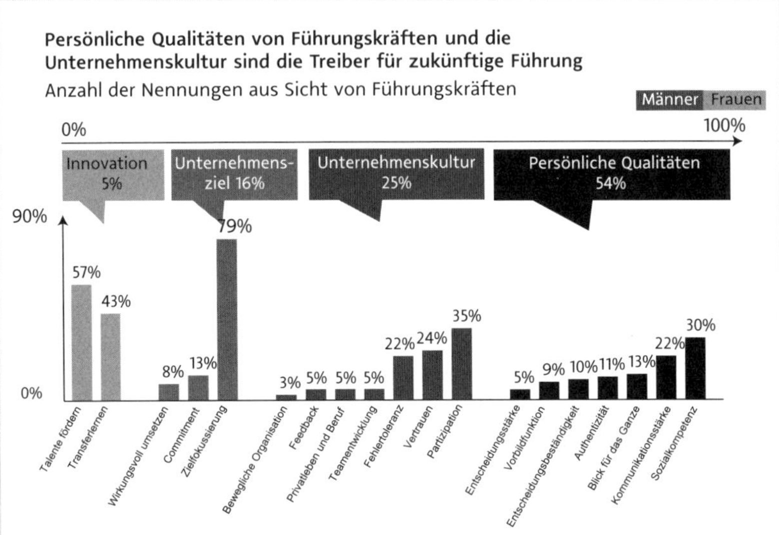

Auszug der Studie Deep Finding SE (siehe Anhang): Was Männer und Frauen zukünftig als wichtige Treiber ansehen

Management allein reicht nicht mehr

Management im klassischen Sinne befasst sich mit betriebswirtschaftlicher Logik, mit effizienten Abläufen, mit dem Optimieren von Prozessen. Und auch künftig kommt ein Unternehmen ohne gutes Management nicht aus. Doch das genügt nicht mehr, wenn Sie ein Unternehmen erfolgreich durch ein komplexes und unvorhersehbares Umfeld navigieren möchten – oder wenn Sie erfolgreich in einer Organisationswelt agieren möchten, die einem fluiden, kaum beherrschbaren System gleicht. Hierfür benötigen Sie ein erweitertes und verändertes Führungsverständnis. Das Gewicht verlagert sich von einer sehr starken personenzentrierten Sicht auf eine Führung in Führungs- und Managementteams. Führung wird zu einer Teamleistung, die von den Führungskräften gemeinsam erbracht wird.

Das bedeutet vor allem: An die Stelle starrer Ziele und Pläne tritt eine agile und zukunftsoffene Führung. Eine Führung, die auch die Vielfalt im Team nutzt. Unerwartete Situationen verlangen nach kreativen Lösungen, die einen einzelnen Menschen überfordern. Führung braucht deshalb »Mehrhirn-Denken«, bei dem unterschiedliche Köpfe zusammengeschaltet werden. In vielen Unternehmen ist das kein einfaches Unterfangen, denn der CEO muss jetzt gegenüber seinen Mitarbeitern einräumen: »Wir suchen gemeinsam eine Lösung, ich allein kann es nicht.«

Der postheroische Bergführer !

Wenn ein Bergführer bei einem Wettersturz selbst die Orientierung verliert, wie reagiert er? Grundsätzlich hat er zwei Möglichkeiten: Er verlässt sich auf sein Gefühl und entscheidet sich für eine Variante – in der Erwartung, dass der eingeschlagene Weg richtig ist und er die ihm anvertrauten Menschen unbeschadet aus der Gefahrenzone führt. Dies ist der Typus »Verwegener Kerl«, der allein nicht nur Wind und Wetter trotzt, sondern auch den härtesten Umständen standhält. Die zweite Möglichkeit: Er räumt seine Unsicherheit ein und bespricht sich mit den anderen Teilnehmern der Bergtour. Er fragt sie nach ihrer Meinung und bezieht deren Wissen in seine Entscheidung mit ein. Er bleibt als Typ ruhig, fragt seine Anvertrauten um ihre Meinung und zeigt ihnen auch, wie sie sich selbst eigenverantwortlich im schlechtesten Fall retten können. Gemeinsam bestehen sie das Abenteuer.
Die erste Reaktion steht für die heroische Führungskraft. Sie ist überzeugt, dass nur sie alleine über die Fähigkeiten verfügt, auch in einer unübersichtlichen Lage die richtigen Entscheidungen zu treffen. Die zweite Reaktion illustriert hingegen die postheroische Führung: Der Unternehmenslenker erkennt an, dass er in einer komplexen und unsicheren Welt mit ständigen Überraschungen rechnen muss und die Dinge ganz anders als geplant laufen können. Deshalb beteiligt er seine Mitarbeiter an der Führung und leitet sie dazu an, ihre Potenziale zu entfalten und zum Vorteil des Unternehmens einzusetzen.

Neun Fundamentals für die Führung von morgen

Blicken wir einmal aus der Adlerperspektive auf die Führung in der Next Society. Welche Umrisse sind erkennbar, aus welchen zentralen Elementen besteht Führung? Was bedeutet das für Sie als Führungskraft? Was kommt auf Sie zu, welche neuen Führungsaufgaben zeichnen sich ab?

Mit dem Fokus auf die Führung der Organisation und der Mitarbeiter habe ich mich auf die Suche nach den Antworten gemacht und bin auf neun wesentliche Punkte gestoßen. Auf diese »Fundamentals der Führung« (siehe Abbildung) gehe ich in den folgenden Abschnitten näher ein.

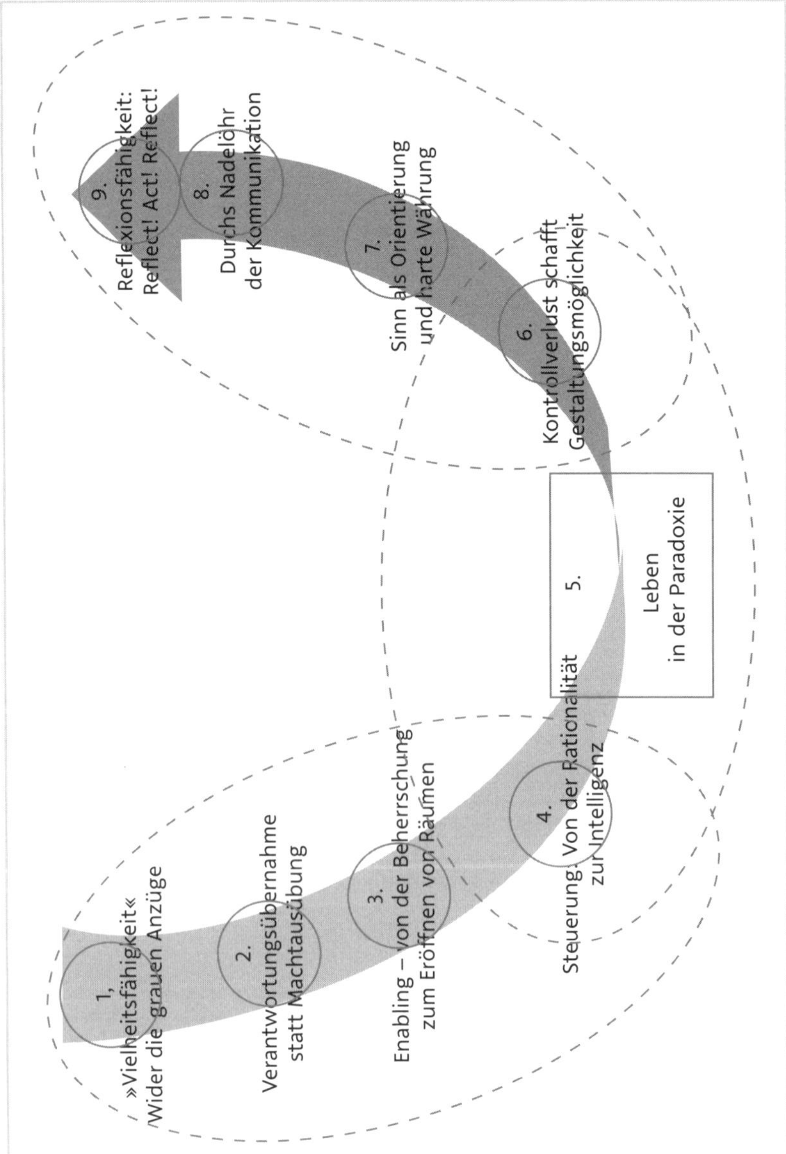
1,
»Vielheitsfähigkeit«
Wider die grauen Anzüge
2.
Verantwortungsübernahme
statt Machtausübung
3.
Enabling – von der Beherrschung
zum Eröffnen von Räumen
4.
Steuerung: Von der Rationalität
zur Intelligenz
5.
Leben
in der Paradoxie
6.
Kontrollverlust schafft
Gestaltungsmöglichkeit
7.
Sinn als Orientierung
und harte Währung
8.
Durchs Nadelöhr
der Kommunikation
9.
Reflexionsfähigkeit:
Reflect! Act! Reflect!

»Vielheitsfähigkeit«: Wider die grauen Anzüge

Früher, nein, da war nicht alles wirklich besser. Aber es war einfacher. Es gab die Vorstellung des heroischen Managertums, das mit seiner rationalen Argumentation – die Dinge müssen sich rechnen und dann kommt lange nichts – die Organisation beherrschte. In der neuen Welt sind die Verhältnisse komplizierter geworden. Das lässt sich an einfachen Beispielen illustrieren: Früher war eine Arztpraxis eine Arztpraxis. Da gab es den Mediziner, der seine Patienten behandelte. Oder eine Forschungseinrichtung war eben ein Ort, an dem geforscht wurde. Heute zerren an ihnen ganz unterschiedliche Wirklichkeiten: Die Arztpraxis muss sich als kleines Unternehmen aufstellen, die Forschungseinrichtung Drittmittel einwerben, und beide sind gleichzeitig immer mehr auch in die gesellschaftlichen Spannungsfelder einbezogen. Organisationen müssen vielfältige Rollen einnehmen, wenn sie in einem zunehmend komplexen Umfeld bestehen wollen.

Die Schlussfolgerung liegt nahe: Keine Führungstheorie, die diese Pluralität ignoriert, wird zukünftig erfolgreich sein können. Damit sind wir beim ersten der neun Fundamentals: Die Führung von morgen erfordert »Vielheitsfähigkeit«. Das Ashby-Gesetz lässt grüßen: »Only complexity can kill complexity.«

Das Ashby-Gesetz

Das Ashby-Gesetz, auch »Gesetz von der erforderlichen Varietät« (engl. Law of Requisite Variety) ist ein wesentlicher Punkt der Kybernetik, der von William Ross Ashby (1903-1972) folgendermaßen in Worte gefasst wurde: »Only complexity can kill complexity.« Im Kern bedeutet das: Je vielfältiger die Handlungsoptionen eines Systems sind, desto besser kann es mit der Vielfältigkeit seiner Umwelt fertigwerden. Ein System, das ein anderes steuert, kann umso mehr Störungen ausgleichen, je größer seine Handlungsvarietät ist – so besagt es das Ashby-Gesetz. Häufig wird das Gesetz zugespitzt in der Aussage, »dass die Varietät des Steuerungssystems mindestens ebenso groß sein muss wie die Varietät der auftretenden Störungen, damit es die Steuerung ausführen kann«[30].
Ashbys Gesetz ist zwar schon über 40 Jahre alt, angesichts zunehmender Komplexität aber aktueller denn je. Es gibt eben Gesetzmäßigkeiten, die ihre Gültigkeit behalten – der Satz des Pythagoras ist inzwischen über 2000 Jahre alt …

Das hohe Lied der Vielfalt

Wenn wir Ashbys Gesetz folgen, hat das eine weitreichende Konsequenz. Anstatt zu versuchen, die Komplexität nach Manier der Simplify-your-life-Ratgeber zu vereinfachen und wegzudrücken, akzeptieren wir die Vielfalt. Wir erkennen die Pluralität als etwas Positives an, wir sehen darin die Chance, Energien und Handlungspotenziale freizusetzen. Spielerisch formuliert gilt das Motto: »Umarmen wir den Tiger!«

»Wir haben uns geöffnet – nicht nur für Frauen, sondern auch für Menschen mit digitaler Kompetenz, mehr Internationalität«, sagte gegenüber der Süddeutschen Zeitung Claudia Nemat, Topmanagerin bei der Deutschen Telekom. »Wenn Unternehmen sich nicht öffnen, bekommen sie ein sehr großes Problem.«[31] Sie zählt zu den wenigen Frauen im Vorstand eines DAX-Konzerns. Der damalige Vorstandschef René Obermann hatte sie 2011 geholt, um ein Signal zu setzen.

Sich öffnen heißt auch, Vielfalt im Team zuzulassen, auch gegen Widerstände. »Der Mensch fühlt sich in homogenen Truppen kuschelig«, konstatiert Claudia Nemat. »Wenn Andersdenkende dazukommen, wird das als Störung empfunden.« Genau darauf kommt es aber an: die Gleichförmigkeit der grauen Anzüge zu durchbrechen und Andersdenkende ins Team zu holen. Je breiter Fähigkeiten, Wissen und Erfahrungen in einer Gruppe sind, desto kreativer arbeitet sie, desto bessere Lösungen findet und desto bessere Entscheidungen trifft sie. Ein Team braucht »eine kritische Masse an Andersdenkenden«; Studien sprechen im Schnitt von 30 Prozent, eine Zahl, die Claudia Nemat aus ihrer Erfahrung bestätigt.

Ein gemischtes Team erweitert den Horizont. Die Beteiligten fangen an, über den eigenen Tellerrand hinauszusehen. Hatten sie Fremdes und Andersartiges bislang ignoriert oder verdrängt, lassen sie sich nun davon im positiven Sinne irritieren. Anstatt Kopfgeburten mit PowerPoint zu betreiben, die an der Mauer der Wirklichkeit zerschellen, werden sie neugierig und suchen die Auseinandersetzung. Plötzlich finden sie Gefallen daran, auf Entdeckungsreise nicht nur ins Silicon Valley zu gehen. Kurzum: Sie nehmen eine Eigenschaft an, die sich treffend als »Vielheitsfähigkeit« bezeichnen lässt. Gemeint ist damit die Fähigkeit, divergente Perspektiven zuzulassen, nachzuvollziehen und mit ihnen umzugehen.

»Vielheitsfähigkeit« hat den Vorzug, dass Sie Veränderungen im Umfeld in viel größerer Breite wahrnehmen. Sie versetzt Sie in die Lage, sich sensibel auf Differenzen und Kontexte einzustellen, jenseits des »zweckgerichteten männlichen Charakters des Menschen«, um es mit den Worten Adornos auszudrücken. Für den klassischen Manager heißt das, er verlässt die allein rational-ökonomische Argumentationsebene und erwirbt die Fähigkeit, »alternative Legitimationsmuster zu mobilisieren«, wie es Dirk Baecker formuliert. Er entwickelt sich zu einem »sensiblen Manager«, der mit Mitarbeitern ebenso wie mit Produktionsprozessen und Kapitalgebern umzugehen versteht und herausfindet, worum es im Einzelfall geht: um das Treffen oder Begründen ökonomischer Entscheidungen – oder um Sensibilitäten etwa mit Blick auf die kritische Öffentlichkeit oder Familienschwierigkeiten eines Mitarbeiters.

Im Unterschied zur managerialen Effizienzlogik versteht es der vielheitsfähige Manager, differenziert auf sein Umfeld zu reagieren. Er verfügt über die Kompetenz, sich auf wechselnde Situationen mit hoher Sensitivität einzustellen, verschiedenste Kontexte zu berücksichtigen und adäquat darauf zu reagieren.

Es braucht die Buntheit der Querdenker

Er gilt als lästig, in vielen Organisationen hat er kaum eine Chance: der Querdenker. Sein ständiges Hinterfragen stört die geregelten Abläufe und verstößt gegen die Gesetze der hierarchischen Ordnung. Doch die neue, von Komplexität beherrschte Zeit sollte ihn willkommen heißen: Sie braucht den Querdenker, denn er produziert Vielfalt.

Einige erfolgreiche Unternehmen haben das erkannt und führen Querdenkertum bewusst herbei. Dietrich Mateschitz, der den Energiedrink Red Bull zur Weltmarke machte, hat einmal gesagt: »Ich weiß nicht, ob es eine Philosophie ist oder bereits zwanghaft in fast schon klinischer Ausprägung: Wir stellen aus Prinzip alles infrage. Wir gehen davon aus, dass nicht alles, was schon immer irgendwie gemacht wurde, so auch richtig ist. Dann fragen wir uns: Gibt es auch andere Wege, intelligentere, kreativere, lustigere, günstigere?«[32]

Oder nehmen wir Pay-Pal-Gründer und Facebook-Investor Peter Thiel. In seinem Buch »Zero to One: Wie Innovation unsere Gesellschaft rettet« verrät er eine seiner Lieblingsfragen im Vorstellungsgespräch: »Welche Ihrer Überzeugungen würden nur wenige Menschen mit Ihnen teilen?« Eine Frage, die die Fähigkeit zum Querdenken testet! Die meisten Kandidaten reagieren ziemlich ratlos. Eine gute Antwort, schreibt Thiel, hätte die Form »Die meisten Menschen glauben x, doch das Gegenteil davon ist wahr.«[33]

Ein Lob den Querdenkerfragen – oder auch: den dummen Fragen! Sie haben den Zweck, zum Widerspruch anzuregen. Immer wieder Anlauf zu nehmen, die eigenen Entscheidungen durchzusprechen und zu testen. »Wo Führung zu Widerspruch ermutigt, stärkt sie ihre eigene Legitimation und verschafft sich Kredit für die hoffentlich seltenen Momente, in denen sie keinen Widerspruch dulden darf.«[34]

Querdenken kann eine psychische Disposition sein. Dann ist es eine Leidenschaft, kann fast eine Manie sein. Ein solcher Querdenker ist für seine Kollegen enorm anstrengend. Wenn jemand rät, links zu gehen, geht er rechts. Wenn ein Mitarbeiter ein Konzept vorträgt, zerlegt er es. Hört er das Argument, »das haben wir schon immer gemacht«, färbt sich sein Gesicht rot und er läuft zur Hochform auf. Das mag lästig sein, für den Erfolg in komplexen Situationen ist dieses ständige Hinterfragen wertvoll. Es trägt dazu bei, Übersehenes zu bemerken und neue Perspektiven zu entdecken.

Der Appell lautet daher: Heißen Sie Querdenker willkommen, auch wenn sie manchmal anstrengend sind und gelegentlich gestoppt werden müssen. Sollten Sie jedoch alleiniger Chef und selbst ein Querdenker sein, achten Sie darauf, Ihre Mitarbeiter nicht zu überfordern. Ständiges Hinterfragen kann destabilisieren. Angemessen ist ein kultiviertes Querdenken, also Gewohntes infrage stellen und Überraschendes einbringen, ohne die Organisation in den Zustand der Dauerbeunruhigung zu versetzen. Als »irritierende Autorität« sind Sie den Anforderungen der neuen Zeit allemal besser gewachsen als etwa die »archaische Autorität« des Patriarchen, der die Richtung bestimmt und vor Bedrohungen schützt.

Vielfalt zulassen, mit Vielfalt umgehen

Zentrale Führungsaufgabe ist es also, Vielfalt zuzulassen und mit Vielfalt umzugehen. Für manche Organisationen ein schwieriges Unterfangen: Es setzt voraus, alte Strukturen aufzubrechen und mit der heiligen Ordnung der Männer aufzuräumen. Große Konzerne sind hier bereits auf gutem Weg – »Diversity« ist für sie ein wichtiges Anliegen geworden. Spezielle Diversity-Abteilungen sollen dabei helfen, das Thema im Unternehmen zu verankern. Sicher – mit dem Einrichten einer Abteilung ist dieses Ziel noch lange nicht erreicht. Aber es ist ein Weg, das Thema ins Unternehmen zu bekommen. Die Diversity-Abteilungen haben sich als Impulsgeber bewährt, um das Bewusstsein voranzubringen, und dafür sorgen, dass die Durchmischung, zum Beispiel über Rotations- und Aufstiegsprinzipien, vorankommt.

Es geht nicht darum, CSR-Alibi-Maßnahmen aufzusetzen und schöne Statistiken zu produzieren, sondern um eine viel tiefergehende Dimension. Es gilt, Menschen unterschiedlicher Herkunft mit ihren verschiedenen Denkmustern, Erfahrungen und Sichtweisen zusammenzuführen – also den »Faktor Mensch« in all seiner Unterschiedlichkeit und Vielfalt wieder neu in die Organisation einzubauen.

Verantwortungsübernahme statt Machtausübung

!

»Warum will ich führen?«
Geld?
Macht?
Status?
Einfluss?
Flow?
Zugehörigkeit?
ein Werk gestalten?
Wunder bewirken ...

Hand aufs Herz – ja aufs Herz, denn eine ehrliche Antwort braucht hier beherzten Mut: Wie fällt Ihre Antwort aus? Vielleicht neigen Sie eher zur Haltung des heroischen Managers, der mit seinen Taten glänzen möchte und Freude findet an Karriere, Macht und Einfluss. Oder Sie gelangen zu der Erkenntnis, dass Sie führen möchten, weil Sie etwas Sinnvolles aufbauen, ein Werk gestalten wollen. Geeignet für die Next Society, so werden wir im Folgenden belegen, ist der zweite Typ: die Führungskraft, die nicht die Macht um der Macht willen anstrebt, sondern Verantwortung übernehmen möchte – für die Organisation ebenso wie gegenüber der Gesellschaft.

Sicher: Wer unternehmerisch gestalten will, braucht Macht und Einfluss. Die Führungskraft von morgen nimmt sich jedoch als Mensch zurück. Sie setzt ihre Macht nicht für das eigene Ego ein, sondern um etwas Sinnvolles zu erreichen. Verantwortung übernehmen, statt Macht ausüben – so lässt sich das zweite grundlegende Führungsprinzip in der Next Society auf den Punkt bringen.

Die neue Top-Level-Führungskraft

Der Managementforscher Jim Collins hat in einer aufwändigen Studie über einen langen Zeitraum hinweg die weltweit erfolgreichsten und langlebigsten Firmen untersucht: Was macht diese Unternehmen so robust, dass sie allen Umbrüchen trotzen? Der Unterschied, so stellte Collins fest, liegt in der Führung. Das Ergebnis der Studie ist für unser Thema interessant, weil die Organisation von morgen genau diesen Typ von Führungskraft benötigt, den Collins bei den Erfolgsunternehmen ausgemacht hat.

Von den weniger erfolgreichen Managern unterscheiden sich diese Top-Level-Führungskräfte in ihrer Grundhaltung: Sie sind an der langfristigen Exzellenz des Unternehmens und seines Zwecks interessiert. Top-Level-Führungskräfte tendieren dazu, sich selbst zurückzunehmen, »weniger charismatisch, weniger ausgelassen und weniger egozentrisch zu sein«, konstatiert Collins. »Deshalb wollen sie Organisationen schaffen, die auch dann noch existieren, wenn sie schon lange nicht mehr am Leben sind. Sie wollen einen Sinn der Organisation schaffen, der noch in vielen Jahren Bestand haben wird. Sie wollen etwas kreieren, bei dem es nicht darum geht, wie sie dabei aussehen und welchen persönlichen Erfolg sie davontragen.«[35] Eine Führungskraft also, die Verantwortung für das Unternehmen übernimmt und ein weit in die Zukunft reichendes Werk gestalten und wahren möchte.

Macht bewirkt Wirklichkeit

Der Begriff »Macht« ist tendenziell negativ konnotiert, fast ein wenig ein Tabu; zumindest in der deutschsprachigen Diskussion wird damit meist Machtmissbrauch assoziiert. Zu Unrecht. »Man muss aufhören, die Wirkungen der Macht immer negativ zu beschreiben, als ob sie nur ausschließen, unterdrücken, verdrängen, zensieren, abstrahieren, maskieren, verschleiern würde. In Wirklichkeit ist die Macht produktiv; und sie produziert Wirkliches.«[36] So urteilt der französische Philosoph Michel Foucault, der den gesellschaftlichen Machtverhältnissen kritisch gegenüberstand. Was er damit anspricht, ist die Gestaltungsmacht. Also keine kalte Machtausübung, nicht das Streben nach Macht um der Macht willen, sondern die Macht, die es ermöglicht, etwas Sinnvolles zu schaffen.

Führungskräfte, die gestalten wollen, benötigen also Macht. Je größer die Organisation ist, umso mehr. Eine Reflexion über »Macht« erscheint daher unerlässlich und sollte gerade im Topmanagement selbstverständlich sein. Nur so lässt sich ein bewusster Umgang mit Macht sicherstellen und zum Beispiel der Gefahr begegnen, den formalen Machtstrukturen verhaftet zu bleiben, die in Zeiten des digitalen Wandels immer weniger greifen.

Macht ist weder gut noch böse. Ob sie sich positiv oder negativ auswirkt, hängt davon ab, wie man mit ihr umgeht. Zunächst ist sie nur Mittel zum Zweck, eine soziale Interaktion zur Durchsetzung von Interessen. Ein Blick hinter die Kulissen fördert dann auch Erscheinungen wie ein übersteigertes Selbstdarstellungsbedürfnis, den Profilierungszwang eines neuen Topmanagements oder unterschwellige Machtkämpfe im Führungsteam zutage, oft befeuert von den Renditeerwartungen der Shareholder oder den Strategieüberlegungen wichtiger Aktionäre. Doch es führt nicht weiter, Macht mit negativen Begriffen wie Gier, Zwang oder Autorität zu verbinden. Öffnen wir uns lieber der zitierten Meinung Michel Foucaults, aber auch vieler anderer, wonach Macht auch produktive, positiv gestaltende Kräfte hervorbringen kann.

Macht birgt auch die Chance, dass Unwahrscheinliches zustande kommt. Zum Beispiel ermöglicht sie es, ein riskantes Projekt gegen Widerstände durchzusetzen. Anders formuliert: Macht kann als Katalysator wirken, um

Entscheide und Ereignisse in eine bestimmte Richtung zu lenken und damit auch zu beschleunigen. Sie kann ein Zögern in ein Ja umwandeln.

Macht ist ein Interaktionsphänomen

Macht wird gerne als Kausalreaktion beschrieben – in dem Sinne, dass die Macht von A die Ursache dafür ist, dass B gegen seinen Willen etwas tut. Diese Vorstellung wird jedoch der Komplexität des Phänomens nicht gerecht: Unser Leben entzieht sich der Kausalität. Kennzeichen des Lebendigen ist ja gerade die Fähigkeit des Menschen, auf einen äußeren Reiz eigenständig zu antworten. Macht entspringt daher immer einem Interaktionsverhältnis: »zwischen dem, der etwas will, denen, die sich vom Willen angesprochen fühlen« und folgen wollen, »und den Kontexten«[37], in denen sich beide Seiten bewegen.

Es greift also zu kurz, Macht als ein Instrument zu bezeichnen, mit dem eine Führungskraft ihren Mitarbeitern bestimmte Handlungen aufzwingen kann. Vielmehr bedeutet Macht die Fähigkeit, einen gemeinsamen Willen zu formen und eine große Idee – zum Beispiel den Aufbau eines Unternehmens – zu einer gemeinsamen Sache zu machen. Macht kann also in diesem Sinne produktiv sein: Sie kann ein Zögern in ein »Ja« umwandeln. Daraus folgt, dass Macht ein Interaktionsphänomen ist. Sie ist an Menschen und Kontexte gebunden. Gerade in turbulenten Zeiten kann ein sinnvoller Umgang mit Macht die Chance für Führung mit »Gefolgschaft« eröffnen – allerdings mit einer Gefolgschaft, die sehr genau hinschaut, was möglicherweise Fassade ist und was ernst genommen wird.

Varianten der Macht

Macht speist sich aus unterschiedlichen Quellen und äußert sich in verschiedenen Formen. Um als Führungskraft auch in Zeiten sich auflösender Hierarchien über ausreichende Macht zu verfügen, ist es hilfreich, sich mit den unterschiedlichen Machtvarianten auseinanderzusetzen.

Da gibt es zunächst die immer wichtigere Expertenmacht. Wenn Menschen in einem zentralen Bereich über besondere Fähigkeiten, Erfahrungen und Kenntnisse verfügen, besitzen sie Macht: An ihnen kommt ein Unternehmen, das dieses Wissen benötigt, nicht vorbei. Experten werden zum Beispiel benötigt, um raffinierte Algorithmen zu programmieren, smarte

Mensch-Maschine-Interfaces zu bilden oder die fragile IT-Infrastruktur vor Hackerangriffen zu schützen. Sie sind rar und wissen dies auch. Sie sind sich ihrer Gatekeeperfunktion bewusst und in der Lage, ihren Einfluss jederzeit gegen die Führungskräfte der formalen Hierarchie auszuspielen. Bildhaft könnte man sagen: Die Macht steht auf dem Kopf. Die Führung muss sie gewinnen, sonst hat sie verloren.

Eine zweite Variante ist die harte Macht – im Unternehmen ist es die autoritäre Führungskraft. Wer harte Macht ausübt, veranlasst Menschen dazu, bedingungslos zu folgen. Harte Macht arbeitet mit Befehl und Gehorsam, auch mit Druck und Zwang. Wer im Unternehmen mit harter Macht führt, versteht es hervorragend, Koalitionen zu schmieden, auch Menschen zu manipulieren. Seine Bibel ist der »Principe« von Niccoló Machiavelli. Der harte Machttyp kämpft gerne und strebt nach Macht über Menschen und Organisationen.

Ganz anders die weiche Macht. Sie setzt auf Kommunikation und Konsens. Führungskräfte, die zu dieser Machtform neigen, sind stark im Gestalten und Kooperieren. Auch verstehen sie es, ihre Mitarbeiter zu inspirieren und zu begeistern. Zudem sind sie in der Lage, belastbare Beziehungen herzustellen. Der weiche Machttyp versteht sich auf die Kunst der Verführung. Er wirkt einnehmend, durchdringt sein Unternehmen oder sein Umfeld mit seinen Vorstellungen – und weiß um die Macht, die ihm seine Anhänger verleihen. Oft ist er Meister im Umgang mit Worten und Symbolen. Mahatma Gandhi mit seinen Kampagnen des zivilen Ungehorsams war einer von ihnen. Oder Martin Luther King, der seine Anhänger mit den Worten »I have a dream« begeisterte. Oder die birmanische Politikerin Aung San Suu Kyi, Friedensnobelpreisträgerin, die sich seit den späten 1980er Jahren für eine gewaltlose Demokratisierung ihres Heimatlandes einsetzt.

Im Führungsalltag hat sich eine Mischung aus harter und weicher Macht bewährt – man könnte sie, in Anlehnung an Joseph S. Nye Jr., Professor an der Kennedy School of Government in Harvard, smarte Macht nennen. Die smarte Führungskraft ist grundsätzlich kooperativ ausgerichtet, kann aber auch schnell und hart entscheiden, wenn es erforderlich ist. Vor allem zeichnet sie sich durch hohe soziale Intelligenz aus – bringt also jene »Vielheitsfähigkeit« mit, die in einem komplexen Umfeld erforderlich ist, um mit unterschiedlichen Menschen und Kulturen umzugehen.

Echte Macht ist leise!

Wie lässt sich die Erkenntnis aus unserem Ausflug zu den verschiedenen Machttypen zusammenfassen? Die formale Macht genügt nicht – es braucht soziale Intelligenz, um die Kraftfelder zu erfassen und seine Macht bewusst und sensibel einzusetzen. Zudem braucht es Entschlossenheit und Mut, um mächtig zu sein und gestalten zu können. Macht entsteht nur bei jemandem, der den Willen hat, andere von sich zu überzeugen. Ein schlendernder Spaziergänger durch den Führungsparcours ist kein solcher Jemand. Ohne Eigenwillen ist kein Machtdenken möglich. Wer auf den oberen Ebenen führen will, muss auch die Macht wollen, um am Ziel anzukommen: Sie oder er will über sich hinauswachsen.

Hinzu kommt ein weiterer Aspekt: Wer führt, hat es typischerweise mit einer verteilten Machtsituation zu tun. So hat die Bundeskanzlerin die Richtlinienkompetenz, ist aber gut beraten, diese nur selten auszuüben. Denn es gibt viele weitere Spieler, die ebenfalls mächtig sind – von Journalisten über Lobbyverbände bis zum Bundespräsidenten. Der Trend geht zur verteilten Macht, die auch überraschend auftauchen und situativ wechseln kann. Das gilt ebenfalls für Organisationen. War die Macht bislang in der Hierarchie konzentriert, haben es die Manager heute darüber hinaus mit horizontalen Strukturen und immer neuen Machtkonstellationen zu tun. Ein Beispiel ist der geschilderte Einfluss der Experten.

Gerade in turbulenten Zeiten eröffnet ein intelligenter Umgang mit Macht die Chance, Anhänger zu gewinnen und gemeinsam ein Werk zu gestalten. Dabei fällt auf, dass echte Macht leise auftritt. Wo laut auf sie hingewiesen wird, ist sie bereits geschwächt. Kluge Politiker weisen daher selten auf ihre Macht hin. Sie haben sie. Mir fällt hier als Beispiel die IWF-Chefin Christine Lagarde an: Sie tritt leise auf, mit Haltung, aber jeder weiß um ihre Macht.

Enabling: Von der Beherrschung zum Eröffnen von Räumen

Einmal angenommen, das gesamte Topmanagement Ihres Unternehmens hat sich für einige Monate verabschiedet. Es hält sich zum Beispiel im Silicon Valley auf und ist für Sie und die anderen Führungskräfte Ihres Unternehmens nicht erreichbar. Weder per Mail noch per Telefon. Wie läuft es jetzt in Ihrem Unternehmen? Die täglichen Abläufe und Prozesse werden von den Fleißigen der Organisation fortgeführt. Hierfür zu sorgen, sind ja die Manager der nächsten Ebenen da. Die Organisation verfällt in einen gewissen Trott – man bewegt sich innerhalb der Routinen. Die interessante Frage lautet nun: Was unterbleibt, wenn die oberste Unternehmensleitung nicht mehr da ist? Was ausbleibt, ist zunächst die Störung der Routinen, jene Irritation, die von der Unternehmensführung immer wieder ausgeht. Was auch fehlt, sind der Blick aufs Ganze und die Reaktion auf sich abzeichnende Chancen und Gefahren. Es fallen keine risikobehafteten Entscheide.

Das Gedankenspiel lässt erkennen, worin die Kernaufgaben der obersten Führung liegen – gerade auch in Umbruchszeiten, im digitalen Sturm. Es gibt Aufgaben, die eine Unternehmensleitung nicht delegieren kann:

- Zukunftsfelder erkennen und zu Schlüsselthemen des Unternehmens machen (»Agenda Setting«).
  Allein das Topmanagement kann zum Beispiel darüber entscheiden, in die Entwicklung der Elektromobilität zu investieren, anstatt auf andere Alternativen wie etwa die Brennstoffzelle zu setzen.
- Agile Organisations- und Entscheidungsstrukturen einrichten.
  In der digitalen Welt wird es zum Gebot der Stunde, die hierarchischen Schutzwälle zu durchbrechen, Netzwerke sowie vertikale und horizontale Kommunikationsketten zu bilden, Konflikte auf freiem Marktgelände mit Klugheit und Augenmaß auszutragen. Die oberste Führung ist gefordert, die hierfür erforderlichen Strukturen einzurichten und ein waches Auge darauf zu haben, dass sie funktionieren.
- Digitales Leadership vorleben.
  Aufgabe der Führung ist es, den digitalen Wandel voranzutreiben. Dazu gehört Mut zum Andersdenken, aber auch technologisches Basiswissen und ein gutes Verständnis der digitalen Welten.
- Neue Kernkompetenzen aufbauen.
  Mit Blick auf die Zukunftsfelder des Unternehmens hat die Führung da-

für zu sorgen, dass vorhandenes Wissen vernetzt und neue Fähigkeiten erworben werden. Das schließt auch Kooperationen mit ein, zum Beispiel um Know-how zu bündeln und zu entwickeln.
- Nachwuchs fördern und Talente aufbauen.
  Auch das ist und bleibt eine Kernaufgabe der Führung. Dies umso mehr, als die Zahl der Nachwuchskräfte sinkt und die Profile immer spezifischer werden.
- Die Finanzressourcen im Überblick haben und sichern.
  Investitionen in neue Felder wie Elektromobilität oder regenerative Energien verschlingen enorme Summen. Aufgabe der Führung ist es, die notwendigen finanziellen Spielräume zu schaffen und langfristig zu sichern. Besonders Unternehmen, die von kurzfristig getakteten Kapitalmärkten abhängig sind, stehen hier vor einer großen Herausforderung.
- Gesellschaftliche Verantwortung übernehmen.
  Aufgabe der Unternehmensführung ist es, Entscheidungen und Handeln an ökologischen, sozialen und kulturellen Kriterien zu messen. Dazu braucht es ein Verständnis für Zusammenhänge und Rückwirkungen – einen systemisch-ganzheitlichen Blick auf die Dinge.

Das Gedankenexperiment zeigt: Ein Unternehmen braucht Führung, die Organisation alleine schafft es nicht. Führung gibt die Richtung vor und setzt Strukturen. Bezeichnenderweise fehlen in der Aufzählung Aspekte von Befehl und Gehorsam. Das war früher einmal: Da hieß es noch: »Oben wird gedacht, unten wird gemacht.« Der Heroe herrschte über seine Mitarbeiter. Doch seit die Digitalisierung Einzug gehalten hat und untereinander vernetzte Experten und Wissensarbeiter zu den zentralen Know-how-Trägern der Organisation werden, lassen sich Führungsaufgaben nicht mehr in klassisch-hierarchischer Form durchdrücken.

Damit gelangen wir zum dritten Fundamental der Führung von morgen: Das Unternehmen braucht mehr denn je eine starke Führung – doch an die Stelle der Beherrschung tritt das Enabling, das Schaffen von Räumen, in denen sich Mitarbeiter und Führungsteams entwickeln können.

Ungewissheit braucht Führung

Die Zukunft ist nicht primär unsicher, sie ist zunächst einmal ungewiss. Und genau da ist Führung gefragt. »Die Existenz von Führung ist die stillschweigende Anerkennung der grundsätzlichen Unvorhersehbarkeit von Welt«, spitzt der Managementvordenker Wilhelm Backhausen zu. »Eine vollautomatische Fabrik braucht Reparaturtechniker, keine Führung.«[38]

Mit anderen Worten: Ungewissheit braucht Führung. In Zeiten disruptiver Innovationen muss jemand die Richtung vorgeben. Das ist nicht der Heroe, den die Götter geküsst haben und der qua höherer Eingebung entscheidet, sondern der Unternehmenslenker, der sich auf ein Führungsteam stützt und nach reiflicher Überlegung vorgibt, nunmehr die Ressourcen zum Beispiel auf einen bestimmten Sektor der Biotechnologie zu konzentrieren. Er trägt das Risiko, wohl wissend, dass Einiges auch für einen anderen Weg spricht.

Führungskräfte in ungewissen Zeiten sind Persönlichkeiten, die probieren und riskieren, auch einmal gegen den Mainstream handeln, den Kopf offen halten für Neues – sei es Produkte, Geschäftsmodelle, Technologien, Verfahren, neue Formen der Zusammenarbeit, der Exploration. Persönlichkeiten, die sich offensiv auf das Neue einlassen, anstatt es abzuwehren; die es verstehen, mit verlaufsoffenen Prozessen umzugehen, persönlich und organisational. Gerade auch die spezialisierten Wissensarbeiter im Unternehmen benötigen eine Führung, die den Überblick hat und dafür sorgt, dass die Organisation insgesamt innovativ bleibt und ihnen einen verlässlichen Rahmen für ihre Arbeit bietet.

Freiheitlich – ohne gleich die Sturmglocken zu läuten

An die Stelle der Beherrschung tritt das Enabling, das Schaffen von Räumen. Da bedeutet: Barrieren einreißen und der Fähigkeit der Mitarbeiter vertrauen, sich selbst zu führen – die Mitarbeiter aber nicht sich selbst zu überlassen. Den Weg zur Freiheit öffnen, ohne gleich die Sturmglocken zu läuten. Die Führung orchestriert ihre Teams mit wachem Auge.

Die Führung schafft einen Gestaltungsrahmen, der zum Teil im gemeinsamen Diskurs entwickelt wird. Dazu gehört, die Mitarbeiter für unternehmerische Belange zu sensibilisieren und ihnen die Orientierung zu geben, die sie benötigen, um selbst tätig zu werden. Der Gestaltungsrahmen umfasst Themen und Ziele ebenso wie ein Zeit- und Kostenbudget. Ziel ist es, den Unternehmergeist zu wecken – wie es zum Beispiel der Händler Zalando vormacht, der sich als börsennotiertes Unternehmen bewusst ein Stück seiner Startup-Kultur bewahrt:

! **Zalando**

»Wir sind immer noch ein unternehmerisches Unternehmen«, sagte gegenüber dem Handelsblatt Rubin Ritter, Vorstand von Zalando. Das Handelsunternehmen »ist längst kein Startup mehr, sondern ein börsennotierter Konzern mit harten Profitvorgaben und fast 10.000 Mitarbeitern«[39]. Und doch unterscheidet es sich von klassischen Konzernen: Es gibt weniger Regeln, dafür mehr Spielräume. Innovation, so heißt es bei Zalando, braucht auch Unternehmergeist und ein gewisses Maß an Chaos.

Bemerkenswert ist die Geschichte, die zu dieser Erkenntnis führte. Vor dem Börsengang im Jahr 2014 wurde das einstige Startup-Unternehmen »auf Profitabilität getrimmt. Das Wort Budgetkontrolle hielt Einzug ... externe Prüfer wollten zum Schutz der Aktionäre wissen, welche Prozesse im Unternehmen wie ablaufen. Die Frage war nicht mehr: Worum geht es? Sondern: Wie lautet die Regel dafür?« Zalando machte sich auf den Weg zur klassischen, regelbasierten Organisation.

Womit man nicht gerechnet hatte: In der Folge stieg die Fluktuation an und die Innovationsfreude brach ein. Der Vorstand ruderte zurück und holte ein Stück vergangene Startup-Kultur zurück – frei nach der Devise: »Wir sind vielleicht kein Startup mehr, aber erwachsen sein wollen wir auch nicht.«

Mit dem Gewähren eines Gestaltungsrahmens ändern sich Arbeitsorganisation und Zusammenarbeit. Der einzelne Mitarbeiter erhält Möglichkeiten, um seine Ideen und Potenziale bestmöglich einzubringen. Die Vorgaben von oben werden weniger, die Freiheitsgrade größer. Damit verbunden ist der Mut, zusätzliche Verantwortung zu übernehmen – denn wirksame Führung bringt Aufgaben und Verantwortung dorthin, wo sie hingehören.

Führungsarbeit hat künftig mehr mit Driften als mit Steuern zu tun. Das »Ermöglichen«, Enabling, rückt in den Mittelpunkt. Enabling bedeutet, Räume zu öffnen: Räume für die Organisation, für die Zukunft, für Innovation, für neue Ideen, für neue Begegnungsformen mit den Kunden, für die Beseitigung von Barrieren im Kopf, gerade auch angesichts der Digitalisierung. Es bedeutet auch, Räume in den Strukturen zu schaffen: Hierarchiegrenzen abbauen, Schneisen in Machtstrukturen schlagen, Vernetzungsräume schaffen, Räume für selbstbestimmtes Arbeiten auch organisatorisch abbilden, formelle und informelle Zonen anerkennen.

Um es in einem Zen-Bild auszudrücken: Führen in der neuen Zeit bedeutet, der Kuh eine Weide zu geben – und ihr dann selbst zu überlassen, wie sie am besten das Gras frisst. Vielleicht kann man noch ein Stück weiter gehen: Das Topmanagement sollte den Kühen auch zugestehen, die richtige Weide zu finden.

Leben in der Paradoxie

Paradoxien können Spaß machen. »Die Zukunft war früher auch besser!«, bemerkte einmal Karl Valentin. Oder denken Sie an die Lügner-Paradoxie, eine Version davon lautet: »Was ich jetzt sage, ist gelogen. Ist diese Aussage nun wahr oder falsch?« Paradoxien haben schon immer fasziniert. Meist sind sie leicht aufzustellen und regen zu Versuchen an, sie aufzulösen. Dichter und Denker lieben sie, ebenso Künstler und Wissenschaftler.

Das Phänomen hat aber auch eine ernste Seite: Paradoxien tauchen in einer komplexen Welt, gerade in Krisen- und Umbruchzeiten, immer häufiger auf und stellen die Verantwortlichen vor große Herausforderungen. Anders als Scherzfragen oder Partyrätsel werfen sie wichtige Probleme auf, die weit über ein intellektuelles Spiel hinausgehen. Mit ihnen zu ringen heißt, sich mit zentralen Fragen des Menschseins, aber auch der Führung auseinanderzusetzen.

Zu bewältigen ist das scheinbar Unmögliche. Es gilt, analytisch schwer fassbare Widersprüche auszuhalten, zu bearbeiten und fallweise auf intelligente Weise zu entscheiden. Hier einige Beispiele:

- Da besteht im Unternehmen der dringende Wunsch, die Strukturen zu vereinfachen. Gleichzeitig wissen alle, dass die Produkte immer komplexer werden.
- Die Märkte verlangen schnellere Reaktion, die Logistik muss schneller liefern. Gleichzeitig bestellen die Kunden immer unregelmäßiger, die Planbarkeit wird immer schlechter.

- Um marktnah zu agieren, richtet die Unternehmensleitung dezentrale Strukturen mit autonomen Einheiten ein. Gleichzeitig will sie die letzte Verantwortung der Spitze noch stärker wahrnehmen.

Die Liste ließe sich lange fortsetzen. Sie weist auf das vierte grundlegende Führungsprinzip in der neuen Welt hin: das Leben in der Paradoxie. Als Führungskraft kommt Ihnen die Aufgabe zu, mit Dilemmata, Widersprüchen und Paradoxien umzugehen.

! **Paradoxien und Dilemmata**

Paradoxie, Dilemma, Widerspruch – zwischen den Begriffen gibt es feine Unterschiede, über die im Alltag hinweggegangen wird. »Eine Paradoxie lässt sich als ein Widerspruch definieren, der sich durch folgerichtige Deduktion aus widerspruchsfreien Prämissen ergibt«[40], definiert etwa Paul Watzlawick, der drei Arten von Paradoxien unterscheidet:

- logisch-mathematische Paradoxien (Antinomien)
- paradoxe Definitionen (semantische Paradoxien, die ihren Ursprung in der Sprache haben)
- pragmatische Paradoxien (paradoxe Handlungsaufforderungen)

Das Thema sei hier nicht weiter vertieft. In unserem Zusammenhang genügt die Feststellung, dass Widersprüche in einer Welt des Wandels und der Dynamik unvermeidlich sind.

Zwei Köpfe bräuchte der Mensch

Alles ist klar und berechenbar – so suggeriert es die klassische Betriebswirtschaft. Manager halten sich an harte Fakten. Den Erfolg messen sie an Quartals- und Jahresabschlüssen, die Performance an Kennzahlen wie Mitarbeiterzufriedenheit oder Fluktuation. Im betrieblichen Alltag jedoch stoßen die Denkfiguren des rationalen Entscheidens allzu schnell an Grenzen. Plötzlich bestimmen Dilemmata und Zwickmühlen das Geschehen: Die Anforderungen der Logistik widersprechen den Wünschen des Vertriebs, der Vertrieb wiederum steuert nach anderen Parametern als der Einkauf. Oder die Mitarbeiter artikulieren völlig andere Erwartungen als die Shareholder.

Auch im täglichen Führungsgeschäft verstricken sich Führungskräfte laufend in Widersprüche. Vielleicht kennen Sie das: Da kommunizieren Sie offen und empathisch mit einem Mitarbeiter, um ihn für eine Aufgabe zu motivieren. Die übrigen Mitarbeiter indes beäugen Sie misstrauisch und fragen sich, warum Sie gerade mit diesem Kollegen so vertraut umgehen. Nähe und professionelle Distanz – wie kann das gleichzeitig gehen?

Oder Sie geraten in das Spannungsfeld zwischen Rolle und Person. Die Rolle verlangt nach Souveränität und Selbstkontrolle, die Person hingegen möchte »Mensch sein dürfen«. Es wäre ein Aus-der-Rolle-Fallen, würden Sie sich im Kreise Ihrer Mitarbeiter gehenlassen und zum Beispiel Ihre Unsicherheiten oder Ängste artikulieren. Das gilt ganz besonders in der Rolle des Unternehmenschefs: Die Mitarbeiter stellen hier Erwartungen, die weniger mit den tatsächlichen Aufgaben des Topmanagers selbst zu tun haben als mit den auf ihn projizierten Bildern. Seine Stärke wird zur Stärke des Unternehmens, seine Schwäche zur Schwäche von allen. Der CEO kann in dieser Rolle nie privat sein, denn er ist Symbol und Galionsfigur – seine Handlungen werden immer als direkte oder indirekte Botschaften interpretiert.

Alle diese Spannungsfelder lassen sich nicht einfach aus der Welt schaffen. Jedes von ihnen muss jeweils von Fall zu Fall neu bearbeitet, organisiert und ausbalanciert werden.

Das Unvermeidliche akzeptieren

Paradoxien, Spannungsfelder und Widersprüche sind Teil unseres Lebens. Im privaten Alltag integrieren wir sie ganz selbstverständlich in unser Leben, sonst kämen wir schlicht und einfach nicht über die Runden. Ohne »schlampiges Denken« könnten wir nicht überleben. Im Unternehmen ist das nicht so einfach – hier müssen wir uns den Paradoxien stellen. Mancher Manager mag insgeheim hoffen, diesem Spiel zu entkommen wie die Katze in »Alice im Wunderland«. Doch das kann er sich nicht leisten, wenn er die Herausforderungen der Next Society bestehen möchte. Es gilt, das Unvermeidliche zu akzeptieren.

Organisationstheoretiker wie Luhmann treiben es manchmal auf die Spitze, indem sie sagen: Organisationen sind geradezu dazu erfunden worden, um Antworten auf die Paradoxien zu geben. Tatsächlich stellt eine Organisation Strukturen zur Verfügung, um mit Widersprüchen zurechtzukommen. So kann eine einzelne Person unmöglich gleichzeitig Produkte entwickeln, Buchhaltung machen und in Asien Vorprodukte einkaufen. Organisationen ab einer gewissen Größe schaffen das mühelos, indem sie unterschiedliche Funktionen und Stellen einrichten. Für die Unternehmensführung hat dies allerdings zur Folge, dass sie es mit unterschiedlichen Logiken zu tun hat.

Setzen wir uns doch einmal mit den diversen Widersprüchlichkeiten etwas näher auseinander. Da ist im Führungsteam einerseits eine harte, sachbezogene Auseinandersetzung notwendig – andererseits besteht die Anforderung, menschlich gewogen zu sein. Das paradoxe Ergebnis, das beide Anforderungen miteinander verbindet, lässt sich als freundliche Härte bezeichnen. Oder von der Führungskraft wird einerseits Flexibilität, andererseits auch ein gewisses Maß an Sturheit gefordert. Daraus ergibt sich als paradoxe Kombination sture Flexibilität, eine durchaus bedenkenswerte Haltung: »Nur in einem bin ich stur: Wenn es um Flexibilität geht«, lautet etwa das Motto von Nils Moormann, Möbeldesigner und Innovator aus Aschau.

Das Spiel mit den paradoxen Wortkombinationen lässt sich fortsetzen, wie die folgende Tabelle zeigt. Aus Anforderungen, die zueinander im Widerspruch stehen, lassen sich zeitgemäße Führungshaltungen ableiten, die für die neue Welt nützlich sein können. Lassen Sie sich inspirieren!

Spannungsfeld zwischen …		**Mögliche paradoxe Kombination**
… einerseits	**… andererseits**	
Harte sachbezogene Auseinandersetzung im Führungsteam	Sich gewogen sein im Team, menschlich sein	Freundliche Härte, d.h., in der Sache hart, aber zugleich menschlich gewogen
Durchsetzungsfähig sein, Kante zeigen	Sensibilität und Empfänglichkeit zeigen	Erfolgreiche Sensibilität, d.h., sensibel entscheiden mit Blick auf die Konsequenzen
Wachheit, Aufmerksamkeit, Präsenz	Abwarten, Zögern	Wache Zögerlichkeit, d.h., hellwach noch warten, bis verschiedene Aspekte noch klarer werden
Schnelles und entschlossenes Handeln	Ruhe, Gelassenheit	Mit wacher Gelassenheit auf den richtigen Augenblick warten und dann zügig agieren

Spannungsfeld zwischen ...		Mögliche paradoxe Kombination
... einerseits	... andererseits	
Flexibilität	Sturheit	Sture Flexibilität, d.h., beharrlich gegen die Routinen der Gewohnheit angehen
Aktiv auf den Mitarbeiter zugehen	Passiv darauf warten, dass der Mitarbeiter kommt	Aktive Passivität, d.h., situativ führen, je nach Kontext
Sich selbst überzeugen durch eigenes Tun	Sich durch Andere überzeugen lassen	Selbstkritische Offenheit, d.h., eigene Erfahrungen und die Argumente der anderen, abwägend zu einer Überzeugung kommen
Zielorientiertes Vorgehen, auf ein fixes Ziel ausgerichtet	Verlaufsorientiertes, explorierendes Vorgehen	Zielorientiertes Explorieren, d.h., sich an einem groben Ziel ausrichten, aber sich explorierend vorantasten.
Fehlerhaftes Handeln	Richtiges Handeln	Fehlerhafte Richtigkeit, d.h., das Richtige fehlerhaft tun (besser als das Falsche richtig tun, also richtig auf dem falschen Weg unterwegs sein)
Unsichere oder verunsichernde Situation	sichere Reaktionen	Sichere Reaktion in einer Krisensituation, d.h., die Führungskraft kann sich in der Krise z.B. auf ein multidisziplinäres Team verlassen und deshalb sicher reagieren. Mögliche Pointe: Achtung auf kleine Ereignisse, feine Risse, die mögliche Auswege sein können
Gründliche Analysen	Querdenkertum	Verrückte gründliche Analysen, d.h., querdenkerische Ideen gründlich prüfen
Sicherheit	Unsicherheit	Sicherheit in einer Organisation erreichen, indem man sich gezielter Unsicherheit aussetzt, z.B. durch Experimente, revidierbare Vorstöße und Regelverstöße

Regeln für das Unregelbare

Wie können Sie mit den Dilemmata umgehen, die in der Unternehmensführung unvermeidlich sind? Wenn alles okay läuft, besteht kein Handlungsbedarf – dann gelingt es Ihnen, die stets vorhandenen Widersprüchlichkeiten angemessen auszubalancieren. Für den Fall der Fälle allerdings kann es nützlich sein, mögliche Strategien zu kennen. Hier einige »Regeln für das Unregelbare«:

- **Reflexion**. Verabschieden Sie sich von der Idee der einzig richtigen Lösung und begrüßen Sie die Unsicherheit als Freund und Quelle für Neues. Überlegen Sie, wie Sie aus den Widersprüchlichkeiten eine neue, intelligente Verbindung hinbekommen. Fragen Sie: Ist es das eine? Das andere? Beides? Keines von beiden? Geht es womöglich um etwas ganz Anderes? Springen Sie heraus aus der Gegensatzlogik, suchen Sie nach einer neuen Lösung.
- **Verzeitlichung**. Das ist ein Klassiker im Umgang mit widersprüchlichen Situationen: Man regelt das eine und schiebt das andere auf die lange Bank. Sie nehmen die widersprüchlichen Alternativen in den Blick, bringen sie dann aber in eine zeitliche Abfolge. Heute führen Sie als Vorgesetzter das ernste Mitarbeitergespräch, morgen sind Sie bei der Besprechung dann der Teamkollege, der sich zurückhält. Heute sind Sie der kreative Inspirator, morgen fällen Sie als Führungskraft die Entscheidung für die Technologie XY. Der Prozess der Verzeitlichung ist sicherlich die elaborierteste Form, auf dem Boden klassischer Rationalität beide Optionen einer Wahl und damit auch Widersprüchliches lebendig zu halten.
- **Ambiguitätstoleranz**. Gemeint ist damit die Fähigkeit, Mehrdeutigkeiten und widersprüchliche Handlungsweisen zu ertragen. Es handelt sich hier in erster Linie um eine innere Haltung: Stabilität zeigen in mehrdeutigen Situationen. Also keinen Stress damit haben, wenn Mitarbeiter drei unterschiedliche, einander widersprechende Vorschläge machen. Ambiguitätstolerante Menschen sind in der Lage, Widersprüchlichkeiten, verzwickte Sachlagen oder mehrdeutige Informationen wahrzunehmen, ohne darauf aggressiv zu reagieren oder diese einseitig negativ zu belegen.
- **Begründungen**. Bestehen Sie darauf, Begründungen zu erhalten. Der Einkauf wird einen Sachverhalt anders begründen als die Logistik, diese wiederum anders als die Entwicklung. Lassen Sie sich alle Begründun-

gen vortragen, ohne gleich darauf zu reagieren oder gar einer Seite gleich blinde Gefolgschaft zu versprechen.

- **Auflösung auf einer höheren Ebene**. Mit Kreativität und Querdenkertum lassen sich viele Widersprüche auf einer höheren Ebene auflösen. Ein Beispiel ist der Widerspruch zwischen Optik und Funktionalität eines Produkts. Das beste Ergebnis kommt heraus, wenn Designer und Entwickler ihre widersprüchlichen Anforderungen von Anfang an miteinander auskämpfen und laufend ausbalancieren.
- **Balancedreieck Ökonomie-Mitarbeiter-Gesellschaft**. Institutionalisieren Sie das Ringen um Balance bei strategischen Entscheidungen. Zum Beispiel trägt der Personalleiter vor, welche Auswirkungen die Entscheidung für die Mitarbeiter hat, der kaufmännische Geschäftsführer erläutert die ökonomischen Implikationen, der Leiter Unternehmenskommunikation schätzt die gesellschaftlichen Reaktionen ein. So gelingt eine ausbalancierte, kluge Entscheidung.
- **Widerspruchsfelder auf die offizielle Agenda setzen**. Nehmen Sie die Widerspruchsfelder, die im System angelegt sind, explizit in die Stellenbeschreibung mit auf. Halten Sie fest, welche Widersprüche mit anderen Funktionsträgern bestehen – und dass es zur Verantwortung des Stelleninhabers gehört, diese zu klären. Damit setzen Sie die systembedingten Widersprüchlichkeiten gleich auf die offizielle Agenda, anstatt so zu tun, als gäbe es sie nicht.

Welche Strategie die richtige ist, hängt von der Situation ab. In vielen Fällen kann die Verzeitlichung eine gute Lösung sein, das Beispiel mit den Designern und Produktentwicklern zeigt jedoch, dass es ebenso sinnvoll sein kann, die Widersprüche gleichzeitig anzugehen und miteinander auszukämpfen. Manchmal ist es sinnvoll, sich zwar klar für eine Alternative zu entscheiden, sich aber dennoch nicht einfach nur auf eine Seite zu werfen, sondern den Widerspruch zu kommunizieren und alle Betroffenen einzubeziehen.

In der Praxis gibt es vor allem ein Hindernis für den erfolgreichen Umgang mit Paradoxa und Widersprüchlichkeiten: das immer noch weit verbreitete Schwarz-Weiß-Denken. Wer nur ein Richtig oder Falsch gelten lässt, kann sich kaum für Nuancen oder Pepita begeistern. Für ihn gibt es nur das Eine oder das Andere, nicht jedoch ein Sowohl-als-auch. Diese Haltung steht dem notwendigen Aushalten und Ausbalancieren von Widersprüchen im Wege und versperrt den Blick auf neue Optionen und Kombinationen. Versuchen Sie deshalb, das Schwarz-Weiß-Denken abzulegen: Führung ist gerade da gefordert, wo es nicht mehr um Eindeutigkeit geht.

Vorwärts-Tasten: Die Fähigkeit, den nächsten Zug zu machen

Etablierte Unternehmen tun sich oft schwer mit echten Innovationen. Neue Erfindungen, so die gängige Begründung, bergen die Gefahr, das bestehende Geschäft zu kannibalisieren, und werden deshalb ungern verfolgt. Diese Argumentation ist sicherlich nicht falsch, aber doch eine etwas verkürzte Lesart. Wesentlich differenzierter argumentiert der US-amerikanische Wirtschaftswissenschaftler Prof. Clayton M. Christensen. Sein bereits 1997 erschienenes Buch »The Innovator's Dilemma«[41] ist in Innovationskreisen bekannt. Das Verblüffende daran: Die darin beschriebene Theorie der disruptiven Technologie ist aktueller denn je.

Zum Beispiel beschreibt Christensen typische Muster, wie in Großunternehmen Projekte angegangen werden. Man setzt die Projektgruppen auf Basis der bestehenden Technologien an – und das bringt automatisch mit sich, dass neue Technologien nur langsam entwickelt werden. Weiterer Punkt: Man fragt immer nur die bestehenden Kunden und übersieht dabei, dass diese sich die Vorteile einer ganz neuen Technologie gar nicht vorstellen können. Der Autor unterscheidet zwischen »evolutionären« und »revolutionären« Innovationen und belegt dies mit Beispielen aus der Praxis. Im ersten Fall wird ein bereits eingeführtes Produkt verbessert, im zweiten Fall etwas ganz Neues entwickelt. Die revolutionären (oder disruptiven) Innovationen zeichnen sich dadurch aus, dass Marktneulinge sie mit großer Geschwindigkeit vorantreiben, während etablierte Hersteller sich lange Zeit in Sicherheit wiegen. Ein bekanntes Beispiel dafür ist die digitale Fotografie, die zum Untergang der großen Fotolabore führte.

Es mutet paradox an: Große Marktführer gehen unter, gerade weil sie über ein hochqualifiziertes Management verfügen, das seine Kunden und deren Erwartungen ernst nimmt und diese bestmöglich erfüllen möchte. Dabei sind sie allerdings so sehr mit der Verbesserung der aktuellen Produkte und Strukturen beschäftig, dass sie neue Kunden und damit einhergehend neue Produkte aus dem Blick verlieren.

Was ist die Schlussfolgerung, fast 20 Jahre nach Erscheinen von Christensens »The Innovator's Dilemma«, angesichts der heranrollenden disruptiven Welle? Die Antwort liegt auf der Hand: Etablierte Unternehmen müssen sich auf unbekanntes Terrain wagen, wollen sie nicht fortgespült werden. Wir erleben hier, um es mit Dirk Baecker zu formulieren, die Dekonstruktion des Rationalitätsparadigmas. Das klassische Management mit seinen Planungs- und Umsetzungstools funktioniert nicht mehr. An seine Stelle tritt eine prozessuale Steuerung, eine völlig neue Art intelligenten Steuerns und Entscheidens.

Damit sind wir beim fünften fundamentalen Führungsprinzip der neuen Welt: Führung heißt, sich auf unbekanntem Gelände strategisch vorwärts zu tasten. Das erfordert die Fähigkeit, jeweils über den nächsten Zug zu entscheiden.

Fahrt ins Ungewisse

Das Thema Disruption hat die Konzerne erreicht – und es ist interessant, zu beobachten, mit welchen Ideen, Konzepten und Strategien das Management reagiert und versucht, in der neuen Welt mitzuspielen. BMW beispielsweise empfing in München Apple-Chef Tim Cook. »Wir sprechen mit vielen Unternehmen aus der IT- und Elektronikbranche«, erklärte Vorstandschef Harald Krüger. »Wenn Sie nicht in engem Kontakt mit dieser Branche sind, verpassen Sie vielleicht wichtige technologische Entwicklungen.«[42] »Elektroautos, Digitalisierung, Car-Sharing, neue Spieler, die große Disruption« – das sind die Themen, die das Management eines Autokonzerns wie BMW umtreiben. Deutlich wird der Spagat zwischen alt und neu, heute und morgen: Auf der einen Seite bringt das traditionelle Geschäft den Gewinn, noch immer werden SUVs in großer Zahl verkauft. So wird das Geld verdient, das man auf der anderen Seite für den Einstieg in die Elektromobilität und die Entwicklung selbstfahrender Autos benötigt. Wenn Manager Milliarden in neue Bereiche investieren, steht dahinter die Überzeugung, dass sich Grundlegendes ändert und »dass es so, wie es lange war, bald nicht mehr sein wird. Nur: Wie es dann sein wird, weiß man auch nicht so genau«. Während sich das klassische Geschäft konventionell planen lässt, versagen die gewohnten Managementwerkzeuge in den neuen Bereichen. Es ist völlig unklar, wie und wann sich die Investitionen rentieren. Eine Fahrt ins Ungewisse. Stellt sich also die Frage: Wie steuert man unter diesen neuen, ungewissen Verhältnissen?

Steuern in der neuen Welt

Greifen wir ein Bild auf, das Hans Peter Korn aus der Schweiz zum Thema Steuerung von agilen Organisationen entwickelt hat:[43] Nehmen wir einmal an, Sie leiten eine Expedition und gelangen mit Ihren Leuten an einen zugefrorenen Fluss. Schemenhaft im Nebel erkennen Sie am anderen Ufer eine einfache, aber vermutlich gut beheizte Hütte. Ihr Ziel ist es, diese Hütte zu erreichen. Nun gibt es zwei Möglichkeiten.

Die eine Vorgehensweise lautet: Wir wagen es! Vorsichtig, Schritt für Schritt, versuchen Sie die Überquerung. Sie achten auf feine Zeichen, eine aufgeworfene Stelle im Eis, eine etwas andere Färbung. Ein leises Knistern veranlasst Sie, die Richtung zu ändern und eine gefährliche Stelle zu umgehen. Ungefähr in der Mitte des Flusses lichtet sich der Nebel etwas und Sie entdecken, dass ein Stück flussabwärts neben der Hütte das Ufer flacher wird und einen guten Ankunftspunkt bietet. Also ändern Sie die Richtung ein wenig und tasten sich vorsichtig weiter.

Denkbar ist auch eine andere Vorgehensweise. Zunächst überprüfen Sie mit speziellen Wärmebild-Technologien die Beheizung der Hütte. Fallen die Ergebnisse positiv aus, wird die Hütte als verbindliches Ziel definiert. Dann berechnen Experten anhand der Klimawerte der letzten Wochen und der dokumentierten Erfahrungen der letzten Jahre die Dicke des Eises. Die Ergebnisse verifizieren sie stichprobenartig durch ballistische Berechnungen, indem sie Steine mit einem bestimmten Gewicht aufs Eis werfen. Wenn alle Daten vorliegen, wird der beste Weg über das Eis zur Hütte geplant. Nun brechen Sie auf, ausgerüstet mit Schwimmwesten und einer langen Leiter, um auch für den Notfall gewappnet zu sein. Zügig geht es voran, genau nach Plan. Das Problem ist nur: Seit Beginn der Planungen ist viel Zeit vergangen, und die Beschaffenheit des Eises hat sich mittlerweile verändert ...

Die zweite Vorgehensweise beruht auf dem Konzept des Scientific Managements, dem das Denken der Analysierbarkeit, Planbarkeit und Machbarkeit zugrunde liegt. Alle »schwergewichtigen« und plangetriebenen Vorgehensmethoden der Strategie- und Produktentwicklung sowie des Projektmanagements folgen diesem Konzept. Die erste Vorgehensweise hingegen folgt den Erkenntnissen im Umgang mit komplexen Systemen.

Der Unterschied ist grundlegend: Die Vorgehensweise in komplexen Systemen lässt sich leiten von der Einsicht, dass die Beziehung zwischen Ursache und Wirkung im Voraus nicht erkennbar ist. Das Vorgehen folgt daher dem Prinzip »Proof – Sense – Respond«, jenem tastenden Vorwärtsbewegen, das nach jedem Schritt die Lage neu überprüft und dann über den nächsten Schritt entscheidet. Auf eine aufwändige Analyse wird verzichtet, denn sie wäre in einem komplexen Umfeld ohnehin unzuverlässig. Im Gegensatz dazu unterstellt das Scientific Management die Berechenbarkeit einer Situation: Die Verhältnisse sind zwar kompliziert, bestehen aber aus analysierbaren und voraussagbaren Ursache-Wirkungs-Beziehungen – vergleichbar einer mechanischen Uhr, deren System kompliziert, jedoch nicht komplex ist.

Für die neue, von Dynamik und Rückkopplungen beherrschte Welt eignet sich die Vorgehensweise des Vorantastens. Sie erlaubt es, neue Aspekte zu entdecken und zu berücksichtigen, zum Beispiel neue technologische Möglichkeiten. Die unterwegs gewonnenen Einsichten können sich auf das Ziel auswirken, was wiederum zu einer Kurskorrektur führt. Das große Bild ist in Umrissen klar, man entscheidet sich zum Beispiel für die Elektromobilität. Was aber am Ende herauskommt, ist ungewiss. Man denkt zunächst, X zu entwickeln, doch Y kommt dabei heraus.

Um das Bild vom vereisten Fluss aufzugreifen: Ziel ist es, den Fluss zu überqueren. Die Einzelheiten zeichnen sich aber erst ab, wenn man sich dem Ufer nähert. Vielleicht taucht anstelle der Hütte ein Dorf auf, vielleicht auch nur eine Höhle.

Abschied vom perfekten Plan

Ein Unternehmen, so die alte Vorstellung, ist so etwas wie eine Maschine. Der Chef bedient sie mit sicherer Hand. Er plant, entscheidet und erreicht zusammen mit seiner Mannschaft zuverlässig die festgelegten Ziele. Diese Vorstellung des Scientifc Managements ist nach wie vor weit verbreitet.

Sie folgt dem Modell des linearen Denkens und Planens: Wir bestimmen die Ziele, legen die Mittel fest und kontrollieren die Zielerreichung.

Es lohnt sich, die Vorbedingungen dieses Modells kritisch zu hinterfragen. Dreierlei setzt es voraus: Die Unternehmensleitung muss wissen, wo das Unternehmen steht (»Ist-Situation«), wo es hin will (»Soll«) und wie der Weg zum Ziel aussieht. Alle drei Prämissen sind unter heutigen Verhältnissen höchst problematisch, denn sie bedeuten: Das Umfeld darf sich nur sehr langsam ändern, streng genommen muss es sogar stillhalten, während die Planungen erstellt und der Weg gegangen wird. Zudem braucht es vollständige Informationen sowohl über die Ist- als auch die Soll-Situation. Und nicht zuletzt: Es dürfen keine Rückkopplungseffekte auftreten.

So gesehen setzt die betriebswirtschaftliche Theorie Unmögliches voraus, wenn sie vom Management fordert, einen zuverlässigen Plan aufzustellen. Wie lässt sich zum Beispiel das Soll beschreiben, wenn ein Markt noch gar nicht existiert? Es verwundert nicht, dass immer größere Planungsprobleme entstehen. Typischerweise werden diese Probleme lange Zeit ignoriert oder man versucht, sie durch noch aufwändigeres Planen aus der Welt zu schaffen.

Auch die Alternative dazu, nämlich die tastende, auf starre Planungen verzichtende Vorgehensweise, ist kein leichtes Unterfangen. Sie ist anspruchsvoll, vor allem ungewohnt. Etablierte Konzerne tun sich oft schwer damit, weil die Unternehmenskultur Fehler bestraft. Schon mit Blick auf die Karriere können Führungskräfte sich kaum den Luxus leisten, hintereinander einige Fehler zu machen, um dadurch zur richtigen Strategie zu kommen. Es gilt das Motto: Gescheiterte Ideen, gescheiterte Manager. Auch die Anforderungen des Kapitalmarkts stehen der neuen Führungsweise im Weg. Investoren sind in der Regel extrem daten- und faktenorientiert und verlangen nach ausgefeilten Plänen. Sie sind der alten Welt verhaftet und pochen auf eine klar nachvollziehbare, lineare Strategie.

Das klingt pessimistisch – doch die Verhältnisse in den Unternehmen sind vielerorts fortschrittlicher als offiziell verlautbart. Zwar heißt es in Großunternehmen nach wie vor, »dass Einheit, Zielorientierung, Zwecksetzung, also das klassische Management, das A und O der Führung jeder Organisation ist«, beobachtet Dirk Baecker, doch ihre Praxis sei doch ganz anders: »Es herrschen eher Problemstellung und Problemlösung von unten als Zielsetzungen von oben, eher horizontale und laterale Kommunikation als vertikale Lenkung.« In die gleiche Richtung argumentiert Niklas Luhmann: Organisationen seien Orte, die meist in sehr gut orchestrierter Form das Grundparadoxon verbergen, nämlich dass hier Dinge immer wieder entschieden werden müssen, die man nicht mit einer klassischen Rationalität erfassen kann. Deshalb finde eine gewisse Inszenierung statt.

Wie Unternehmensführung in der Next Society funktionieren kann, macht Alphabet vor, die Muttergesellschaft von Google. In der Erkenntnis, dass die Welt schon morgen ganz anders aussehen kann, investiert der Konzern seine Einnahmen aus der Suchmaschine Google in sogenannte Moonshot-Projekte – »Dinge wie selbstfahrende Autos, smarte Kontaktlinsen, die den Blutzuckerspiegel messen, oder Ballons für die Internet-Versorgung in entlegenen Weltgegenden«[44]. Bei zukünftigen Themen wie künstliche Intelligenz, Robotik, Big Data, Gesundheit oder dem Internet der Dinge rangiert Google auf den vorderen Plätzen. »Die Milliarden, die auf den Gesamtkonzern regnen und die ziemlich strikte Haushaltsdisziplin bei der Tochter Google erlauben Alphabet, eine Menge an unbekanntem Terrain zu erkunden«, urteilt die Süddeutsche Zeitung. »Die teils ehrgeizigen, teils verrückt anmutenden Projekte, und die solide vor sich hin werkelnde Geldmaschine Google – das zusammen ergibt die Mischung, die den Börsianern Vertrauen einflößt.«

Mal abgesehen von Google und seinen Milliarden: Wie kann dieses tastende Vorgehen auf unsicherem Terrain konkret aussehen? Gute Anregungen findet man hier bei der internationalen Entrepreneurforschung, die stark vom Effectuation-Ansatz der US-Professorin Saras D. Sarasvathy geprägt ist (siehe Kasten).

Effectuation: Unternehmerisches Vorantasten !

Effectuation beschreibt eine Vorgehensweise, die von Unternehmern in Situationen der Ungewissheit angewandt wird. Dem Effectuation-Spezialisten Michael Faschingbauer folgend lässt sich der Ansatz in vier Prinzipien zusammenfassen[45]:

- Prinzip der Mittelorientierung.
  Der Unternehmer startet mit den verfügbaren Ressourcen und überlegt, welche Ergebnisse damit erzielt werden können. Dabei fokussiert er sich nicht auf ein bestimmtes Ziel, sondern ist offen für unterschiedliche Ergebnisse. Er achtet auf Veränderungen im gesamten Blickfeld und aktualisiert seinen Zielhorizont laufend auf der Basis neuer Daten.
- Prinzip des leistbaren Verlusts.
  Der Unternehmer orientiert seinen Einsatz »am leistbaren Verlust, nicht am erwarteten Ertrag«. Er fragt sich: »Was ist mir der Versuch wert?« Ist der Einsatz tragbar, beginnt er zu handeln und entdeckt dabei Dinge, die anderen nicht zugänglich sind. Riskiert wird also nur, was man auch zu verlieren in der Lage und bereit ist. Ergebnis dieser Haltung ist eine Vorgehensweise in kleinen, schnellen Schritten. »Lieber rasch drei einfache Dinge ausprobieren, anstatt lange über den richtigen Weg nachdenken«, lautet das Motto.
- Prinzip der Umstände und Zufälle.
  Der Unternehmer nutzt Umstände, »Zufälle und Ungeplantes als Gelegenheiten, anstatt sich dagegen abzugrenzen«. Er ist in der Lage, aus dem, was ihm unterwegs an Unerwartetem begegnet, etwas Wertvolles zu machen. Er erkennt Gelegenheiten nicht nur, sondern versteht es, aus ihnen etwas zu machen.
- Prinzip der Vereinbarungen und Partnerschaften.
  Der Unternehmer trifft Vereinbarungen und bildet »Partnerschaften mit denen«, die im selben Gebiet unterwegs und »mitzumachen bereit sind«. Je nachdem, wer an Bord kommt und was derjenige mitbringt, kann das gemeinsame Vorhaben dann auch die Richtung ändern.

Nur Unentscheidbares kann entschieden werden

»In zweifelhaften Fällen entscheide man sich für das Richtige«, hat der Komiker Karl Kraus einmal lakonisch bemerkt. »Nur die prinzipiell unentscheidbaren Fragen können wir überhaupt entscheiden«, ergänzt Heinz von Förster akademisch. Klar: Wenn etwas rechenbar ist, muss man es richtig berechnen. Da gibt es nichts, was wirklich zu entscheiden ist – die Entscheidung wird einfach aus einer allgemein gültigen Regel abgeleitet. Vier mal sechs ist 24, nicht 26. Bei wirklichen Entscheidungen, den »unentscheidbaren Entscheidungen«, gibt es hingegen kein klares Richtig oder Falsch. Der Entscheider muss zwischen risikobehafteten Alternativen entscheiden und erst rückwirkend kann er feststellen, ob die hierfür herangezogenen Kriterien die richtigen waren.

Wer sich in ungewissen Verhältnissen vorwärts tastet, kann auf keine Regeln zurückgreifen. Er steht immer wieder vor der Aufgabe, Unentscheidbares zu entscheiden. Hier lässt sich kein Ergebnis errechnen. Rationalität muss, wie es Dirk Baecker ausdrückt, der Intelligenz weichen – der Fähigkeit, den nächsten Zug zu machen. Rationalität sei in einer vollständig beschreibbaren Welt angemessen. »Intelligenz hingegen ist in einer Welt angemessen, in der unsere Beschreibungen der Welt immer wieder zusammenbrechen und versagen, wir jedoch immer wieder Mittel und Wege finden, diese Zusammenbrüche zu überstehen und nicht nur weiterzumachen, sondern anders weiterzumachen.«[46]

An die Seite der argumentativen, wissenschaftlichen Begründung treten nun die Dimensionen soziale Glaubwürdigkeit, Macht, Mut, Risikobewusstsein, Verantwortungsübernahme und vor allem ein bewusster Umgang mit Unsicherheit und Angst. Intelligenz ist ein Verhalten, auch ein Entscheidungsverhalten, das selbst in Labyrinthen noch Bedingungen findet, um sich zu orientieren und den nächsten Zug zu machen – und dann innezuhalten, um die nun entstandenen Verhältnisse und neuen Entwicklungen zu betrachten. Das erfordert Achtsamkeit, um unerwartete Konstellationen wahrzunehmen, und Geistesgegenwart, um mit ihnen umzugehen.

Eine völlig neue Form des Entscheidens! Als Führungskraft benötigen Sie ungefähr das große Bild, das die Grundrichtung anzeigt. Dann aber fahren Sie auf Sicht, indem Sie sukzessiv kleine Entscheidungen fällen. Das bedingt extrem kurze Planungszyklen. In kurzen Abständen kommen Sie mit Ihrem Team zusammen, um die Lage zu besprechen und über den nächsten Schritt zu entscheiden. Sie verfolgen achtsam das Geschehen und sind bereit, den Kurs zu ändern. Das schließt auch ein, dass Sie zugeben, sich getäuscht zu haben.

! **Der Mechanismus der Entscheidung**

»Entscheiden« bedeutet, zwischen mindestens zwei Optionen eine zu wählen. Organisationen bestehen aus Entscheidungen, die sich aufeinander beziehen. So bleiben sie in Gang und meistern ihre Herausforderungen. Der Mechanismus der Entscheidung lässt sich wie folgt beschreiben:
Eine Entscheidung verwandelt einen unsicheren Zustand (»Was machen wir?«) in einen vorübergehend sicheren (»Das wollen wir jetzt tun!«). Dies stiftet – zumindest zeitweise – Orientierung und somit eine gewisse Klarheit (»Ich weiß, was zu tun ist.«).
Diesem Mechanismus folgend hangelt sich die Organisation von Entscheidung zu Entscheidung und gewinnt ihre spezifische Kontur.

Unbewusste Intelligenz: Intuition als Entscheidungshilfe

Wer sich auf unsicheres Gelände begibt und laufend Unentscheidbares entscheiden muss, kann auf einen Verbündeten kaum verzichten: die Intuition. Gemeint ist damit nicht eine übersinnliche Fähigkeit, sondern verkörpertes Erfahrungswissen. »In einer ungewissen Welt brauchen wir neben Kalkulation auch Intuition«, bekräftigt Prof. Gerd Gigerenzer, Direktor am Max-Planck-Institut für Bildungsforschung in Berlin. »Da die meisten Teile unseres Gehirns unbewusst arbeiten, wären wir töricht, wenn wir das dort gespeicherte Wissen außer Acht ließen.«[47]

Der Wissenschaftler verweist auf die klassische Entscheidungstheorie, die im Grunde Übermenschliches fordert: alle möglichen Alternativen zu bestimmen, alle möglichen Konsequenzen zu berücksichtigen, den Nutzen jeder Konsequenz zu schätzen, jeden Nutzen mit seiner Wahrscheinlichkeit zu multiplizieren und die Alternative mit dem höchsten zu erwartenden Nutzen auszuwählen. Das Problem liegt darin, dass sich in einer komplexen Welt die meisten Entscheidungen so nicht berechnen lassen. Um sie zu entscheiden, ist eine gute Intuition in der Regel verlässlicher.

Intuition lässt sich nach ihm beschreiben als ein Urteil, das rasch im Bewusstsein auftaucht, dessen tiefere Gründe uns nicht vollkommen bewusst sind und das stark genug ist, um uns danach handeln zu lassen. Intuition ist also ein Bauchgefühl: Man spürt, was man tun sollte, ohne erklären zu können, warum. Sie ermöglicht es, aus dem Bauch heraus, also ohne rationale Argumentation, eine Gefahr oder Chance zu erkennen und eine gute Entscheidung zu treffen. Gigerenzer bezeichnet Intuition daher auch als »unbewusste Intelligenz«.

Viele Manager folgen bei Entscheidungen ihrer Intuition, ohne das nach außen zuzugeben. Das bestätigt eine von Gigerenzer durchgeführte Befragung von Führungskräften und Vorständen großer Unternehmen: Die Mehrheit von ihnen gab an, in ungefähr 50 Prozent der Fälle auf den Bauch zu hören. Allerdings sagten die meisten auch, wenn sie Entscheidungen gegenüber Dritten zu rechtfertigen hätten, würden sie ihre Intuition verschweigen und Gründe nachschieben.[48]

Intuition beruht auf intensiver Erfahrung, die im Unbewussten verborgen liegt. Sie setzt daher die Konzentration auf ein Wissens- und Tätigkeitsgebiet voraus. Bei Lawinengefahr etwa blickt der unerfahrene Skifahrer auf den Hang und empfindet die Situation entweder als höchst gefährlich oder völlig ungefährlich. Ihm fehlt hier jegliche Intuition. Der Bergführer hingegen verfügt aufgrund vieljähriger Erfahrung über ein sehr feines Wahrnehmungsraster, erkennt im Schnee die kleinen Unterschiede, auf die es ankommt – und identifiziert sofort kritische Stellen. Das geschieht intuitiv: Kleine Veränderungen verknüpft er mit seinem Erfahrungsschatz und ein bestimmtes Körpergefühl weist ihn sicher auf eine Gefahr hin.

Das Beispiel verdeutlicht auch, wo die Grenzen der Intuition liegen. Wenn es keinen Erfahrungsschatz gibt, etwa bei der Anwendung einer ganz neuen Technologie, fehlt ein verlässliches Bauchgefühl. In solchen Situationen gilt es, mit Intuition vorsichtig zu sein. Möglicherweise verlassen Sie sich dann eher auf die inzwischen sehr leistungsfähige algorithmische Intelligenz – also auf die verschiedenen Werkzeuge aus den Bereichen Big Data und Künstlicher Intelligenz. Vieles davon lässt sich sinnvoll einsetzen – was auch zeigt, dass unternehmerisch denkende Manager über die hierfür notwendige Datenkompetenz verfügen müssen.

Für das Vorantasten und Entscheiden in einer ungewissen Welt braucht es also beides: die unbewusste Intelligenz ebenso wie die künstliche Intelligenz.

Räume schaffen: Vom Kontrollverlust zur Gestaltungsfähigkeit

Richten Sie einmal den Scheinwerfer ins Innere Ihres Unternehmens und leuchten Sie die dort herrschenden Führungspraktiken aus. Was sehen Sie, welche Gepflogenheiten entdecken Sie? Hier einige typische Schlaglichter, die Sie vermutlich wiedererkennen:

- Es existieren exakte Zielvereinbarungen, die aus den Unternehmenszielen in der Kaskade heruntergebrochen werden. Die Ziele sind präzise vereinbart, doch im Grunde ist jedem klar, dass sie am Ende meistens doch von der Realität überholt werden. In heutigen Organisationen sind künftige Entwicklungen schlicht nicht vorhersehbar (es sei denn vielleicht, Sie leiten eine Verwaltungsbehörde).
- Der Mitarbeiter bekommt 130 Prozent aufgeladen, damit 90 Prozent erreicht werden. Wobei im Grunde jeder weißt, dass das nicht funktioniert, auch weil die Mitarbeiter den Trick zunehmend durchschauen.
- Doppelaufträge werden vergeben. Zwei Projektgruppen oder zwei Mitarbeiter erhalten den gleichen Auftrag. Man lässt sie in der Erwartung gegeneinander laufen, dass dabei etwas Innovatives herauskommt. Zweifel bestehen jedoch, ob sich dieser Ressourceneinsatz wirklich auszahlt. Zudem kann diese Form internen Wettbewerbs leicht in eine durch Rivalität geprägte Stimmung kippen.
- Die Suche nach dem Schuldigen: Wer hat das verbockt? Wenn etwas schiefgeht, wird sofort nach dem Schuldigen gesucht. Ist er gefunden, entlastet das alle anderen. Im Grunde weiß aber jeder, dass dieses Vorgehen von den eigentlichen, oft tiefer liegenden Ursachen ablenkt.
- Controlling über alles: Man steuert mit Daten und Abweichungen. Es zählen die Daten. Die Führungskräfte argumentieren, entscheiden und kontrollieren fast ausschließlich anhand von Kennzahlen. Dabei ahnen sie, dass sich die Komplexität des Geschehens nicht allein in Controllingberichten abbildet und die »weichen Themen« in der Praxis ebenso relevant sind.
- Die Kapitalmärkte erwarten das so. Die Führung bezieht sich ständig auf die Forderungen der Kapitalgeber und trägt damit die Logik der Investoren als zentrales Kriterium in die Organisation. Dabei müsste ihr klar sein, dass sie sich damit ihrer Verantwortung ein Stückweit entzieht, indem sie dem simplen Argument »Wir müssen diese Vorgaben erfüllen« folgt.

Sorry, aber das läuft immer weniger! In Zeiten der Generation Y versagen die Führungsprinzipien von gestern. Aufgeklärte Mitarbeiter dulden diese Spiele nicht mehr. Entweder sie meiden das Unternehmen von vornherein oder sie ziehen sich resigniert zurück – oder aber sie sorgen als »Macht von unten« dafür, dass sich die Verhältnisse ändern.

Damit gelangen wir zum sechsten grundlegenden Führungsprinzip: Der Manager alter Schule erleidet in der neuen Welt einen Kontrollverlust, deshalb muss er anders führen – nämlich indirekt. Er führt, indem er motivierende Freiräume schafft, in denen die Mitarbeiter ihre Leistungsfähigkeit entfalten und einbringen. Daraus entstehen, wenn er es geschickt macht, auch neue Gestaltungsmöglichkeiten.

Wenn die Kontrolle verlorengeht ...

Klassische Führungsinstrumente versagen, den Führenden entgleitet die Kontrolle. Die jungen, gut ausgebildeten Arbeitskräfte fordern vehement Teilhabe – das Bild der stark personifizierten Führung gilt als überholt. Formale Autorität als Machtquelle reicht nicht mehr aus. Führung ist von der Zustimmung der Mitarbeiter abhängig, wenn sie etwas bewirken will. Mitarbeiter, die nicht folgen wollen, veranstalten keine offene Rebellion, finden aber jede Menge Möglichkeiten, ein Vorhaben zu verhindern. Man verfolgt andere Prioritäten, kümmert sich nicht darum, verschleppt Teilaufgaben.

Thomas Vollmoeller, CEO des Onlinenetzwerkes Xing, hat das kennengelernt. Er stammt aus der alten Welt: Zehn Jahre lang arbeitete er für die Unternehmensberatung McKinsey, dann für Tchibo, anschließend als Vorstandsvorsitzender für den Schweizer Handelskonzern Valora. Im Rückblick bezeichnet er gegenüber der Wochenzeitung ZEIT die Handelsbranche als »Effizienzwelt, in der extrem penibel nach unten durchregiert wird«[49]. Nach seinem Wechsel zu Xing lernte er eine ganz neue Welt kennen – und musste feststellen, wie schwierig dort Führen sein kann. Gleich zu Beginn wollte er den Stellenmarkt des Netzwerks für Südeuropa öffnen. »Ich dachte, ich bin der CEO und kann das durchsetzen. Aber kaum einer meiner Mitarbeiter reagierte, niemand zeigte das nötige Engagement.«

Führung in einem modernen Unternehmen, so musste der Manager erfahren, tickt anders. Trotzdem denkt der Xing-Chef nicht daran, in die alte

Welt zurückzukehren: Das »manageriale Erfolgsmodell, bei dem strategische Ziele mit Disziplin und Geradlinigkeit von oben nach unten durchgesetzt werden, hält er für überholt«.

Die Kunst der indirekten Steuerung

Wenn das Prinzip von Anweisung und Gefolgschaft versagt, was ist es dann? Mittlerweile sind sich die Managementvordenker einig, dass Führung in der neuen Zeit nur über indirekte Steuerung funktioniert. Damit kehren wir zurück zum Thema »Enabling«, dem Schaffen von Möglichkeiten. Denn indirekt führen heißt: Als Führungskraft schaffen Sie einen Rahmen, sorgen dafür, dass die richtigen Leute zusammenkommen, geben ein Ziel vor, ohne jedoch den Weg dahin detailliert vorzugeben. Die Vorgehensweise überlassen Sie den Mitarbeitern, bleiben aber in Kontakt mit ihnen. Aus Ihrer Führungsposition wahren Sie den Überblick und achten darauf, welche Hindernisse das Erreichen der Ziele gefährden könnte. Gefragt und ungefragt geben Sie Feedback, mischen sich also durchaus ein – aber nicht im Detail.

In der Praxis heißt das zum Beispiel, dass Sie als Führungskraft

- Räume und Strukturen schaffen,
- einen Rahmen für Selbstorganisation vorgeben,
- Zusammenarbeit organisieren,
- die richtigen, d.h. passenden Personen auswählen, also für den richtigen Mix im Team sorgen,
- Freiräume öffnen und auch dafür sorgen, dass sie offen bleiben,
- ein Klima der Leistungsbereitschaft schaffen,
- Perspektiven aufzeigen,
- Unterstützung anbieten, damit Mitarbeiter sich weitgehend selbst organisieren können,
- Hindernisse aus dem Weg räumen, zum Beispiel bei Unklarheiten mit anderen Ressorts die Schnittstellen klären.

Wenn Sie indirekt führen, heißt das auch, Ihre Mitarbeiter im Blick zu behalten, viel zu kommunizieren und zu überzeugen, Feedback zu geben, Unterschiede zu akzeptieren, auch glättend und dämpfend einzuwirken und gelegentlich einzugreifen, etwa wenn neue Aspekte auftauchen oder das Ziel gefährdet ist. Das ist dann kein Kuschelkurs, sondern durchaus ein Störauftrag – jedoch stets freundlich und mit menschlichem Antlitz. Indirekt führen ist also kein Laissez-faire, sondern ein aktiver Prozess, der viel Energie abverlangt, sicherlich mehr als die direktive Führung.

Ein bemerkenswerter Effekt tritt ein: Gerade dadurch, dass Sie Spielräume schaffen und mehr Freiheiten einräumen, stärken Sie die Gefolgschaft. Der Organisationstheoretiker Niklas Luhmann spricht hier von einem besseren Führungssystem, das dem Chef mehr Einfluss sichert, indem es auch den Mitarbeitern mehr Einfluss und Mitwirkung eröffnet. Die Mitarbeiter erkennen an, dass der Chef den besseren Überblick hat, Entwicklungen kommen sieht, Hürden aus dem Weg räumt und ihnen den Rücken freihält. Sie halten ihn für einen starken Chef, gerade weil er ihnen Freiheiten lässt.

Die indirekte Steuerung ist vor allem deshalb das bessere Führungssystem, weil sie die Mitarbeiter intrinsisch motiviert und die Vielfalt ihrer Fähigkeiten nutzt. So entstehen zusätzliche Gestaltungsmöglichkeiten, die für den Führungserfolg in ungewissen Zeiten entscheidend sein können. Damit indirekte Führung gelingt und die Leistungsbereitschaft der Mitarbeiter tatsächlich weckt, braucht es vor allem eine wichtige Zutat: Vertrauen.

Kontrolle ist gut, Vertrauen besser

Ohne Vertrauen kämen Sie nicht weit – nicht einmal zu Ihrem nächsten Gesprächstermin. Denn da müssen Sie darauf vertrauen, dass das Auto anspringt, dass die anderen Verkehrsteilnehmer die Verkehrsregeln einhalten oder dass die Bahn den Zug fahren lässt. Mit anderen Worten: Wir vertrauen laufend auf etwas. Vertrauen hat die Eigenschaft, das Leben zu vereinfachen oder – anders formuliert – die Komplexität zu reduzieren. Dies wiederum verschafft Zeitgewinne und eröffnet zusätzliche Handlungsspielräume, zum Beispiel um eine höhere Systemkomplexität zu schaffen. Und eben darauf kommt es ja, wie wir gesehen haben, in einer zunehmend komplexen Welt an. Es braucht also keinen moralischen Appell, wenn Vertrauen gefordert wird. Das lässt sich auch ganz nüchtern sehen: Für eine Führungskraft ist es sehr vernünftig, für Vertrauen zu sorgen.

Nur: Wenn das so einfach wäre! Das Thema Vertrauen hat Konjunktur, Vertrauen ist zu einem Modebegriff geworden. Allerdings sind der Begriff und die damit verbundenen Implikationen häufig unscharf. Um »Vertrauen«

nicht auf eine normativ aufgeladene Hülle zu reduzieren, lohnt sich ein Blick in die einschlägigen wissenschaftlichen Disziplinen.

! **Vertrauen im wissenschaftlichen Diskurs**

In der Managementliteratur wird »Vertrauen« meist pragmatisch besetzt – nach dem Motto: Was können wir tun, damit das Vertrauen handhabbar und steuerbar wird? Damit verbunden ist das Dilemma, dass gerade durch solche Rezepte Vertrauen unwahrscheinlicher wird. Das Phänomen kennen Sie aus dem persönlichen Kontext: Je öfter ein Freund Ihnen versichert, wie »gut wir uns doch verstehen«, desto misstrauischer werden Sie. Ihr Vertrauen schwindet.
Deutlich wird, dass Vertrauen kein einfacher Begriff ist. Wissenschaftler wie Niklas Luhmann, Karl Weick und Diego Gambetta haben sich mit ihm befasst. Folgt man der Tiefenbohrung bei Luhmann[50], lässt sich festhalten:

- Vertrauen ist kein auswählbares Mittel zu bestimmten Zwecken, das heißt, Vertrauen ist nicht operationalisierbar.
- Vertrauen hat die Funktion, Komplexität zu reduzieren – denn wer vertraut, muss nicht jeden Sachverhalt im Einzelnen überprüfen.
- Vertrauen ist damit rational im Hinblick auf die Funktion, Systempotenzial zur Bewältigung höherer Komplexität zu erschließen – das heißt: In einem System, »das Vertrauen aktivieren kann«, werden »ganz neue Arten von Handlungen« möglich.
- »Durch Vertrauen gewinnt ein System Zeit« – dadurch kann es zum Beispiel Neues ausprobieren.
- Vertrauen ist eine Lösung für spezifische Risikoprobleme.

»Vertrauen ist gut, Kontrolle ist besser« – diese Redewendung, die der russische Politiker Lenin gesagt haben soll, beinhaltet: »Verlass dich nur auf das, was du nachgeprüft hast!« Weniger bekannt ist die Gefahr, die diese Maxime birgt: Erhöhte Kontrollmaßnahmen verschlechtern die Arbeitszufriedenheit, was wiederum die Leistungsbereitschaft verringert und zusätzliche Kontrollen provoziert. Ein Teufelskreis entsteht, Kontrolle erreicht genau das Gegenteil dessen, was sie bezwecken sollte. Man spricht hier auch vom »Kontrollparadoxon«.

Umgekehrt lässt sich eine befreiende Schleife initiieren: Indem Sie weniger kontrollieren, bekommen Sie größere Zufriedenheit und höhere Leistungsbereitschaft. Das setzt allerdings voraus, dass Sie in Vorleistung gehen:

Sie müssen den Mitarbeitern vertrauen, dass sie die vereinbarte Leistung erbringen. Um Vertrauen zu erhalten, müssen Sie erst einmal Vertrauen gewähren. Eine durchaus riskante Vorleistung! Denn selbstverständlich besteht die Möglichkeit, dass im konkreten Fall der andere das Vertrauen enttäuscht. Da gibt es keine Garantie. Dennoch lässt sich als Fazit festhalten: Kontrolle ist gut, Vertrauen ist besser.

Vertrauen aufbauen – nicht managen

»Wir müssen Vertrauen schaffen!« Diese Appelle sind allgegenwärtig, das Problem ist nur: Sie bewirken eher das Gegenteil. Je mehr von Vertrauen die Rede ist, desto misstrauischer werden die Beteiligten. Zahlreiche Mitarbeiterbefragungen, bei denen die Vertrauenswerte immer weiter zurückgehen, sprechen hier eine eindeutige Sprache. Nach Bankenkrise und zahlreichen Affären in Vorstandsetagen betonen die Verantwortlichen ständig die Notwendigkeit, neues Vertrauen aufzubauen – erreicht haben sie das Gegenteil, die Vertrauenswerte sinken weiter. Nach einer Studie des Forsa-Instituts von 2015 haben nur noch 13 Prozent der Befragten »großes Vertrauen« in die Manager, in die Polizei hingegen 84 Prozent und in die Universitäten 78 Prozent. »Polizisten genießen Vertrauen – Manager nicht«, brachte es eine Schlagzeile des Magazins stern auf den Punkt.

Vertrauen lässt sich nicht herbeireden, man kann es auch nicht managen. Man muss es in einer Art Vertrauensgeschäft gegenseitig aufbauen: Sie vertrauen Ihrem Gegenüber und Ihr Gegenüber fasst Vertrauen zu Ihnen. Dabei geht es nicht darum, blind zu vertrauen. Ziel ist es vielmehr, ein reflektiertes Vertrauen aufzubauen und zu pflegen, das um die stets vorhandenen Risiken Bescheid weiß und keineswegs naiv auf alle Kontrollen verzichtet.

Ein solches Vertrauensgeschäft aufzubauen, ist ein längerer Prozess. Dabei kann es eine Hilfe sein, sich mit folgenden Fragen auseinanderzusetzen:

- Wie erfinde ich die Kontrolle neu?
- Welche Art von Vorschriften, Regularien und Bürokratien kann ich abbauen, um meine Organisation zu flexibilisieren und ein Innovationsklima zu schaffen?
- Sind Mitarbeiter und ihre intrinsische Motivation mit berücksichtigt?

- Wie kann ich vertrauensbildende Maßnahmen reflektiert einsetzen (zum Beispiel Verlässlichkeit bei Terminen und Rücksprachen, aktives Zuhören, Erfüllung von Versprechen aus den Mitarbeitergesprächen)?
- Wie kann ich als konkreter Ansprechpartner bei persönlichen Fragen oder bei Krisenthemen Vertraulichkeit sichern?

Um Vertrauen entstehen zu lassen, müssen Sie den ersten Zug machen. Überlegen Sie hierzu:

- Wo kann ich explizite Sicherheitsmaßnahmen reduzieren oder gar darauf verzichten?
- Was kann ich tun, auch für mich innerlich, damit ich dem Drang, den Leuten über die Schulter zu schauen, nicht nachgebe?
- Wie kann ich die Leitidee der Fehlerfreundlichkeit vermitteln, ohne zu hohen Schaden für die Organisation zuzulassen?
- Wie kann ich Redundanzen einbauen, Sicherheitsschleifen, Mehrstimmigkeit, Querrufe und ähnliches als Merkmal fehlerfreundlicher Strukturen?

Wenn Sie Innovation und Kreativität zulassen, passieren auch Fehler, mit denen Sie gut umgehen sollten. In den seltensten Fällen wird ein Fehler absichtlich begangen. Hierzu folgende Fragen:

- Angenommen, ein Fehler ist passiert, wie führen Sie das Gespräch? Anklagend? Sicher nicht.
- Angenommen, Sie analysieren gemeinsam die Ursachen und nutzen dies als Lernpotenzial, wie wird sich dies auswirken?
- Angenommen, Sie konzentrieren sich nicht nur auf den Fehler, sondern auch darauf, was ansonsten richtig war (d. h., Sie blicken durch die Brille »Was ist das Gute im Schlechten?«): Was können wir jetzt tun? Was können wir daraus lernen? Wie können wir vorbeugen?

Schließlich lohnt es sich noch, über den Gedanken der Eigenverantwortlichkeit zu reflektieren. Wer hinfällt, kann eigenverantwortlich wieder aufstehen – aber eben nur, wenn er nicht von seinem Vorgesetzten niedergedrückt wird. Es geht da um Resilienz oder auch Robustheit, die in einem Klima von Vertrauen entstehen.

Sinn als Orientierung und harte Währung

»Okay, Digitalisierung, Nicht-Steuerbarkeit, Agilität und Innovation – das sind offenbar die Themen für meine Agenda.« So mögen Sie nun denken, vielleicht mit einem etwas unguten Gefühl: Das klingt doch danach, alles über Bord zu werfen. Nach Radikalität. Nach völligem Umsturz des Gewohnten. Gar nach Umwertung aller Werte. Friedrich Nietzsche lässt grüßen. Und das Ganze noch multiperspektivisch. Oh Gräuel!

An dieser Stelle möchte ich Sie nicht jenseits von Gut und Böse führen. Auch nicht ins modische Flachland, also ins Land der platten Rhetorik – dies läge mir als Bergsteiger und Bergliebhaber besonders fern. Ebenso wie der Ruf nach dem Übermenschen. Ein Anliegen ist es mir aber, den Blick zu schärfen für ein verantwortungsbewusstes Wirtschaften und ein auch aus Sicht der Gesellschaft verantwortungsvolles Unternehmertum.

Dieser Gedanke führt zum siebten fundamentalen Prinzip: Führung hat die Aufgabe, den Sinn des Unternehmens herauszustellen. Gerade in unsicheren und turbulenten Zeiten ist der Sinn eine Konstante, die Orientierung, Halt und Sicherheit gibt. Sinn wird damit zur harten Währung des Unternehmenserfolgs. Es stimmt, das Thema Sinn spielt im täglichen Management kaum eine Rolle. Der im Tagesgeschäft gefangene Manager ist schnell bereit, die Zwecke auszutauschen oder es mit anderen Mitteln zu versuchen, wenn es die Situation opportun erscheinen lässt. Wenn zudem die Manager häufig wechseln, geht im Unternehmen sehr leicht das Wissen darum verloren, wofür es eigentlich steht. Einem auf Tradition bedachten Familienunternehmen würde dies nie passieren, doch den Manager geführten Betrieben fehlt sehr oft diese Verwurzelung.

Aufgabe eines zukunftsweisenden Managements wird es sein, zu den Wurzeln des Unternehmens vorzudringen, dessen Grundauftrag aufzuspüren und – vor allem auch – diesen neu entdeckten Sinn in die heutige Zeit zu transferieren. Die Leitfrage lautet: »Wie lässt sich der ursprüngliche Auftrag unseres Unternehmens in die heutige Zeit übertragen und zur Basis eines zukunftsfähigen Geschäftsmodells machen?« Sinn wird damit zur harten Währung.

Im Folgenden möchte ich drei Aspekte herausarbeiten, die sich an dieser Leitfrage orientieren. Sie betreffen die Rückbesinnung auf die Marke, ein daran ausgerichtetes passgenaues Paket für die Personalentwicklung – und schließlich die Frage, wie das Unternehmen auf dieser Grundlage Glaubwürdigkeit gewinnt und wahrt.

Markenregie: Aus der Vergangenheit in die Zukunft

Wie Peter Zernisch, der 2013 verstorbene Altmeister der Markenforschung, darlegte, entsteht eine Marke aus einem Leidensdruck heraus: Eine Marke wendet eine Not und gibt Halt und Sicherheit. Das bedeutet auch, dass sich eine Marke durch klare Werte abgrenzt und deshalb auch polarisiert – begeistert oder Ablehnung weckt. Sie wirkt anziehend, erzeugt Bindekraft. So bildet sie die Basis für eine Community, eine Glaubensgemeinschaft, welche die Werte der Marke teilt.

Die Rückbesinnung auf die Marke ist eine gute Strategie, den ursprünglichen Sinn des Unternehmens herauszuarbeiten und auf die Zukunft auszurichten. Eine Marke geht auf einen Gründungsimpuls zurück, den es zu erkennen und weiterzuentwickeln gilt. Das setzt voraus, dass Unternehmensleitung und Führungskräfte die Markenidentität verstehen: Was war die tiefere Dimension des Gründungsauftrages? Welche Not hat die Marke gewendet?

Das Verständnis des Gründungsimpulses ermöglicht es, die tiefere Aufgabe der Unternehmung herauszuschälen und in die Jetztzeit zu transformieren. An dieser Aufgabe orientiert sich dann alles Weitere – zum Beispiel, wie das Unternehmen seinen Gründergeist lebendig hält, mit welchen Produkten es in der digitalen Welt begeistern kann oder wie es eine Kultur der ständigen Selbsterneuerung schafft. Wie auf Grundlage der Marke die Zukunft gestaltet werden kann, lässt sich an Beispielen verdeutlichen.

! **Beispiele**

Da ist etwa der traditionsreiche Stahlhandel Klöckner & Co, den 1906 der Kaufmann Peter Klöckner in Duisburg gründete. Gisbert Rühl, Vorstandsvorsitzender des zu den weltweit größten produzentenunabhängigen Stahlhändlern zählenden Konzerns in Europa, reiste bereits 2013 ins Silicon Valley und diskutierte mit jungen Internetgründern über Stahlhandel. Nach seiner Rückkehr

revolutionierte er das traditionsreiche Geschäft: Heute können die Kunden den Stahl im Onlineshop kaufen.
Ziel ist es, mit einer Industrieplattform die gesamte Liefer- und Leistungskette in der Stahlindustrie zu digitalisieren, beschreibt Rühl seine Vision. Eine eigene Venture-Capital-Gesellschaft, kloeckner.v, hat die Aufgabe, »Startups zu fördern, die unsere Wertschöpfungskette angreifen«. Früher oder später, so zitiert die WELT[51] den Klöckner-Chef, werde es Versuche von branchenfremden Firmen geben, in den Stahlhandel einzusteigen. »Das soll uns nicht passieren. Wir werden nicht warten, bis die Gefahr konkret ist. Deshalb wollen wir mögliche Angriffe im Vorfeld koordinieren und dadurch Hinweise bekommen, wie wir uns verbessern und das Geschäftsmodell neu aufstellen können.« Das Handelsunternehmen bleibt seinen Wurzeln, dem Stahl- und Metallhandel, treu – und konzentriert sich darauf, dieses Kerngeschäft in die digitale Welt zu transformieren.
Ein zweites Beispiel: der Koffer- und Lederwarenhersteller Louis Vuitton. Der junge Louis Vuitton machte in Paris eine Lehre zum Koffermacher. Seine Inspirationen fand er in der steigenden Reiselust der Gesellschaft – von Beginn an steht das Unternehmen für exklusives und hochwertiges Reisegepäck. Große Reisetruhen, die damals üblich waren, entwickelte er weiter und machte daraus flache, erlesene Reisekoffer. Mit einer dieser Fertigungen schaffte Louis Vuitton es 1893 auf die Weltausstellung in Chicago. In neuerer Zeit erweiterte das Unternehmen sein Sortiment, doch die Taschen- und Kofferkollektionen sind bis heute begehrte Klassiker.[52]

Nehmen wir dieses Beispiel, um zu illustrieren, wie man zu den Wurzeln der Marke findet. Die Manager des Unternehmens müssten sich hierzu die Leitfrage stellen: »Was verkaufen wir eigentlich, welche Not wenden wir?« Mit Blick auf Louis Vuitton könnte man die Antwort etwa so formulieren: »Die Menschen sind mobil und müssen von A nach B reisen. Hierfür benötigen sie das jeweils passende Transportbehältnis. Das ist der Kern unseres Geschäfts: Wir stellen Transportbehältnisse her, die ihre Funktionen hervorragend erfüllen, mit denen sich der Kunde aber gleichzeitig auch sozial sehen lassen kann.« Der Gründungsimpuls enthält also den klaren Auftrag, das Unterwegssein in standesgemäßer Form zu erleichtern. Hierin liegt der tiefere Sinn, an dem sich alles andere, auch die Weiterentwicklung des Unternehmens, orientieren sollte. Dass diese Transformation für die heutige Zeit und die spezielle Zielgruppe in besonderer Form inszeniert werden kann, zeigen die ganzseitigen Anzeigen in den führenden Printmedien.

Die Beispiele zeigen: Weder wandern wir hier in luftiger Höhe der Philosophie, noch hantieren wir mit markentechnischen Instrumenten oder perfekt gestalteten CI-Broschüren. Vielmehr geht es um das Verstehen des Gründungsimpulses und der Identität der Firma – und um die Aufgabe, diesen Impuls aufzugreifen. »Tradition ist nicht die Anbetung der Asche, sondern die Weitergabe des Feuers«, sagte einmal der Komponist Gustav Mahler.

Ein Gegenbeispiel zu einer solchen erfolgreichen Weitergabe des Feuers sind die Warenhäuser in Deutschland. Die Wurzeln, das waren stilvolle Einkaufstempel wie das von Émile Zola beschriebene »Paradies der Damen« – mit hochwertiger Architektur, großzügigem Service und zeitgemäßen Angeboten. Die Krise der Warenhäuser begann in den 1960er Jahren, als man einen faden Einheitslook in schlechter Betonqualität kreierte. Das Problem der Warenhäuser ist nicht das KaDeWe, das läuft heute noch, das Problem sind die vielen austauschbaren Häuser.

Natürlich ist es ein Unterschied, ob Sie Manager einer kultigen Fashion-Firma sind, eines Paketdienstleisters oder eines Energieunternehmens. Gemeinsam ist aber allen Unternehmen, dass sie gegründet wurden und sich einer Aufgabe verschrieben haben. Fragen Sie also: »Was ist unser Auftrag, was unser Sinn?« Und transferieren Sie diese Marke, diese DNA in die neue Zeit. Hierzu gilt es, starke Symbole in der Kommunikation zu entwickeln.

Ein Paket für die Mitarbeiter

Man kann darüber lachen. Über Tischtennisplatten, Fitnessstudio, Kickerraum, Massagezimmer oder die 2,5 Tonnen Südfrüchte, die in der Google-Zentrale in München jeden Monat verarbeitet werden, um die Angestellten mit frisch gepresstem Orangensaft zu versorgen. Man kann darüber räsonieren, wenn Tech-Firmen das Totalitätspaket anbieten vom Work-Life-Balance-Full-Service bis hin zum temporären Einfrieren von Eizellen bei Frauen als Karriere-Booster. Auch »Bleisure«, die letzte Wortschöpfung aus der Ecke der Personalanimation als Symbiose von Business und Leisure (Freizeit), hat die Probezeit noch nicht bestanden. Aber halt: Bevor wir das alles als Modeerscheinungen aus der Kiste der Personalentwicklung abtun, lohnt sich zur Inspiration der Besuch bei einem mittelständischen Unternehmen: dem Outdoor-Ausrüster Vaude. Geleitet wird er von einer Frau, über 40 Prozent der Führungspositionen sind in Frauenhand. Das Unternehmen hat sich als attraktiver Arbeitgeber positioniert, der es versteht, sich auf seine Mitarbeiterinnen und Mitarbeiter einzustellen.

Das Geheimnis liegt in einem stimmigen Leistungspaket, mit dem das Unternehmen einerseits die Ansprüche einer Generation Y einlöst, andererseits aber auch sich selbst treu bleibt. Beides gehört zusammen: Das Paket orientiert sich an den Erwartungen der Mitarbeiter, richtet sich aber zugleich an den inneren Werten des Unternehmens aus. So ermöglicht Vaude auch die Teilhabe an einem tieferen Sinn, dem sich das Unternehmen verpflichtet sieht.

Was heißt das konkret? Vaude beschreibt sich selbst als »modernes Familienunternehmen« und »Europas umweltfreundlicher Outdoor-Ausrüster«. Ein attraktives Grundversprechen. Entscheidend ist nun, dass Vaude ihm gerecht wird. Im Bereich Umwelt belegen das die Fakten: Bereits bevor die heutige Chefin, Antje von Dewitz, das Unternehmen von ihrem Vater übernahm, gab es eine Reihe ökologischer Projekte. »Die Leidenschaft für Nachhaltigkeit geht also zurück bis zu den Wurzeln des Unternehmens. Als ich die Geschäftsführung übernommen habe, habe ich mir die Frage gestellt: Wie halten wir es künftig? Machen wir's ganz oder gar nicht? Da haben wir beschlossen, komplett auf Nachhaltigkeit zu setzen.« Als eines der ersten Unternehmen hat Vaude den deutschen Nachhaltigkeitskodex unterzeichnet. Die Firma kooperiert mit der Naturschutzorganisation WWF, 2015 wurde sie von der Stiftung Deutscher Nachhaltigkeitspreis als nachhaltigste Marke Deutschlands ausgezeichnet.

Ebenso glaubwürdig löst Vaude seinen Anspruch als soziales und familienfreundliches Unternehmen ein. Als Antje von Dewitz im väterlichen Unternehmen anfing, stellte sie am ersten Arbeitstag fest, dass sie schwanger war. Erst nahm sie das Kind mit ins Großraumbüro, dann gründete sie ein betriebseigenes Kinderhaus. »Wir haben Rahmenbedingungen geschaffen, die notwendig sind, damit Frauen Führung wahrnehmen wollen und können«, erklärt die Vaude-Chefin. Dazu gehören Möglichkeiten, in Teilzeit oder von zu Hause aus zu arbeiten – auch für Führungskräfte.

Stimmig muss es sein! Wer in der neuen Zeit ein attraktiver Arbeitgeber sein will, braucht für seine Mitarbeiter ein attraktives Paket, zugeschnitten auf deren Bedürfnisse, aber auch passend zum Grundauftrag und den Werten des Unternehmens.

Glaubwürdigkeit – mehr als Public Affairs

Public Affairs – nein, das ist keine Anspielung auf diverse Firmenaffären. Der Begriff lässt sich mit »Politikkontaktarbeit« übersetzen. Er beschreibt das Bemühen, Entscheidungsprozesse an den Schnittstellen von Politik, Wirtschaft und Gesellschaft strategisch zu beeinflussen. Letztlich ist damit das Ziel verbunden, die Glaubwürdigkeit des eigenen Unternehmens zu wahren, gerade auch in der Auseinandersetzung mit einer kritischen Öffentlichkeit.

Fehlende Glaubwürdigkeit ist ein drängendes Thema. Studien belegen, dass vor allem Konzerne hier große Defizite haben. Nach einer Umfrage der PR-Agentur Edelmann attestieren zwar gut drei Viertel der Deutschen den mittelständischen Unternehmen eine hohe Glaubwürdigkeit, bei den Konzernen ist es jedoch nicht einmal die Hälfte. Eng verknüpft mit der Glaubwürdigkeit ist die Frage des Vertrauens. Kann die Gesellschaft dem Unternehmen und seinen Produkten vertrauen?

Glaubwürdigkeit bedeutet, dass das Unternehmen von der Gesellschaft akzeptiert wird. Es befolgt die ethischen Leitlinien unternehmerischen Handelns und die Beziehungen zu den verschiedenen Anspruchsgruppen beruhen auf einer gegenseitigen Vertrauensbasis. Ein glaubwürdiges Unternehmen vermittelt das Gefühl, seine Ansprechpartner nicht nur richtig wahrgenommen und verstanden zu haben, sondern bezieht deren Anliegen auch so gut wie möglich in das eigene Handeln mit ein. Das umfasst die unmittelbaren Geschäftspartner, Mitarbeiter, Kapitalgeber, Kunden und Banken ebenso wie die mittelbar betroffenen gesellschaftlichen Gruppen – bis hin zur Glaubwürdigkeit künftigen Generationen gegenüber.

Glaubwürdigkeit wird damit zu einem Leitmotiv unternehmerischen Handelns. Sie herzustellen und zu wahren, zählt zu den wichtigen Führungsaufgaben der neuen Zeit. Es geht hier mehr als um geschickte Public Relations, wie der Begriff Public Affairs suggeriert. Glaubwürdigkeit braucht eine solide Basis, die – ähnlich wie das Leistungspaket für die Mitarbeiter – in den Wurzeln, also im Sinn des Unternehmens, gründet.

Durchs Nadelöhr der Kommunikation

Ratgeber zum Thema Kommunikation gibt es viele. Ernsthafte, brauchbare, kuriose. Dazu gehören Titel wie »Kommunikation als Lebenskunst« genauso wie »Frauen verstehen in 60 Minuten«. Nein, letzteren hat sich kein Mann, auch nicht Mario Barth, ausgedacht, sondern eine Autorin. Die Kommunikation zwischen den Geschlechtern ist immer noch Glückssache? Vermutlich ja.

Doch wenden wir uns der Kommunikation im Führungskontext zu. Das Thema gehört zu den Basics der Führung und hat Sie sicher schon durch viele Führungsseminare begleitet. Führung, so lässt sich als Quintessenz festhalten, ist eng mit Kommunikation verbunden. Oder noch zugespitzter: Führung ist Kommunikation und Kommunikation ist Führung. Wahrscheinlich erinnern Sie sich auch an das Sender-Empfänger-Modell, das häufig noch gelehrt wird. Es beschreibt die Kommunikation zwischen zwei Parteien als Übertragung einer Nachricht von einem Sender zu einem Empfänger – passt aber in dieser simplen Auslegung nicht in die neue Zeit. Kommunikation lässt sich nicht mehr unter dem Paradigma von Ursache und Wirkung anschauen, sondern unter dem der Wechselwirkung und Zirkularität.

Ein Beispiel: Es genügt nicht, eine Entscheidung nur bekanntzugeben, der Empfänger muss sie auch verstehen und annehmen. Dazu gehört auch, die Entscheidung nachvollziehbar zu begründen und Einwände zu entkräften. Verständigung ist ein Gemeinschaftsprozess. Und weil jeder Mensch anders tickt, braucht es hier von Seiten der Führungskraft viel Fingerspitzengefühl. In klassischen Organisationen war es noch möglich, sich weitgehend auf die formalisierten Kommunikationswege der Hierarchie zu verlassen. Je mehr diese Wege sich nun auflösen, desto anspruchsvoller wird die Kommunikation. Die Unternehmensleitung steht vor der Aufgabe, Kommunikationsarchitekturen einzurichten, die der horizontalen Vernetzung und der Selbstorganisation der Mitarbeiter Rechnung tragen. Diese Strukturen entstehen nicht von selbst, und auch wenn sie eingerichtet sind, werden die Anforderungen an die Kommunikation höher sein als in der klassischen hierarchischen Organisation.

Damit gelangen wir zum achten grundlegenden Führungsprinzip: Führung ist mehr denn je auch Kommunikation. Jede Unternehmensentscheidung muss durchs Nadelöhr der Kommunikation, wie der Organisationstheoretiker Niklas Luhmann treffend feststellt.

Konstruktion der Wirklichkeit

Machen wir uns noch einmal klar, worin die große Herausforderung der Führung liegt – in einer Zeit, in der die klassische hierarchische Autorität erodiert, Abteilungen und Bereiche verstärkt horizontal kooperieren und Agilität die Vorgehensweise bestimmt: Führung hat die Aufgabe, die Mitarbeiter in die Selbstverantwortung zu entlassen und gleichzeitig zur Gefolgschaft für gemeinsame Ziele zu gewinnen.

Das verlangt hohes kommunikatives Geschick. Spätestens an dieser Stelle leuchtet ein, dass die Vorstellung einer simplen Sender-Empfänger-Beziehung zu kurz greift. Kommunikation beinhaltet die Reaktion auf eine Offerte, das Lächeln auf einen Blick, den Widerspruch auf eine Behauptung, das neue Argument auf einen Vorschlag, die Auskunft auf eine klärende Frage. Dies zu begreifen, benötigen wir keine elaborierte Kommunikationstheorie – es genügt die praktische Alltagsevidenz: Wenn Ihre Mitarbeiter eine Mitteilung nicht verstehen, hören oder annehmen wollen, bekommen Sie keine Gefolgschaft.

Noch einmal schwieriger wird es, wenn nun auch noch die Notwendigkeit der »Vielheitsfähigkeit« hinzukommt – die ja, wie wir gesehen haben, in einer komplexen Welt erforderlich ist. Der Umgang mit Vielfalt bringt eine Vielfalt an Beziehungen, was eine ebenso große Vielfalt an Sendern und Empfängern bedeutet. Und jeder von ihnen sieht die Welt durch seine eigene Brille – was die Sache weiter verkompliziert.

In der Kommunikation, so besagt ein Prinzip aus der Kommunikationspsychologie, gibt es keine objektive Wahrheit und Wirklichkeit, sondern nur subjektive Wahrnehmung. Zum Beispiel nimmt jede Fachdisziplin einen

Sachverhalt auf ihre Weise und mit ihren eigenen Sprachcodes wahr – die Logistiker reden anders darüber als die Juristen. Ebenso haben Führungskräfte unterschiedlicher Hierarchieebenen ihre eigene Wahrnehmung. Kurzum: Jeder von uns konstruiert sich seine eigene Wirklichkeit.

Folgen wir dieser Kernthese des Konstruktivismus, begreifen wir, was Kommunikation so schwierig macht. Zugleich hilft diese Einsicht aber auch, gegenseitiges Verständnis für unterschiedliche Sichtweisen zu entwickeln und so Ansatzpunkte für eine gelungene Kommunikation finden.

Agile Kommunikation

Agil kommunizieren, was ist das? Rede ich da schneller, mit mehr Druck – ein Sprint? Keineswegs, treffend ist hier eher das Bonmot: »Wenn du es eilig hast, mach langsam!«

Was agil kommunizieren bedeutet, lässt sich an einem Beispiel zeigen. Stellen Sie sich eine gefährliche Situation am Berg vor. Sturm, Schneefall, Lawinengefahr. Sie stehen vor einem schwierigen Übergang. Der Bergführer agiert laut und fordernd, er fährt Sie an: »Reiß dich zusammen!« Hinter der Fassade spüren Sie Unsicherheit, Nervosität, vielleicht auch Überforderung und Angst. Sie haben den Eindruck, dass Ihr Führer seinen Gefühlsstau nur mit Müh und Not kontrollieren kann. Nun stellen Sie sich vor, Sie folgen in derselben Situation einem Führer, der in sich ruht. Er weiß um die Gefahren und Risiken, legt Ihnen die Möglichkeiten und Grenzen klar dar, fragt immer wieder nach, holt Ihre Zustimmung ein, hält Kontakt – sowohl auf sachlicher wie auf persönlicher Ebene.

Welchem der beiden Führer würden Sie lieber folgen? Wohl keine Frage! Das Beispiel zeigt zwei ganz unterschiedliche Kommunikationsformen – und macht deutlich, dass im zweiten Fall, einer agilen Kommunikation, die Chance auf Gefolgschaft deutlich größer ist. Agil kommunizieren heißt also: auf Mitarbeiter zugehen, spezifisch den richtigen Ton treffen, wendig sein, ständig in Kontakt sein.

Deutlich wird an dem Beispiel auch, wie entscheidend eine gute Beziehung des Führers zum Geführten ist. Wie aus der Kommunikationswissenschaft bekannt, dominiert im Verhältnis zwischen zwei Menschen die Beziehungsebene immer die Inhaltsebene. Dies gilt umso mehr in unsicheren Situationen, sei es am Berg, im Unternehmen oder in der Politik: Wenn auf der sachlichen Ebene keine Klarheit zu gewinnen ist, suchen Menschen nach einer Person, der sie vertrauen können.

Eine solche Vertrauensbeziehung lässt sich nicht auf einen Schlag herstellen. Als Führungskraft empfiehlt es sich daher, frühzeitig Vertrauen aufzubauen, also von Anfang an den richtigen »Draht« zu den Mitarbeitern zu finden und unterhalten. Hierbei hilft eine authentische Kommunikation, allerdings im Sinne einer selektiven Authentizität (siehe Kasten). Kommt es dann eines Tages zu einer prekären Situation, stehen die Chancen gut, dass Ihre Mitarbeiter Ihnen vertrauen und folgen. Die Notwendigkeit, Vertrauen aufzubauen, gilt zwischen Führungskraft und Mitarbeitern, aber ebenso für die Beziehungen im Führungsteam. Regelmäßig durchgeführte Auszeit-Klausuren, Retreats mit der Führungsriege gehören zur Pflichtaufgabe.

!

Der schillernde Begriff Authentizität

Bei der Frage nach glaubwürdiger Kommunikation taucht sehr rasch die Forderung nach Authentizität auf. Zur Definition: Authentizität heißt Kongruenz, also Übereinstimmung von innerem Erleben und Kommunikation. Man soll stets sagen, was man denkt oder was in einem vorgeht. Halten wir kurz inne: Wollen Sie etwa bei einem Arztbesuch tatsächlich wissen, was der Arzt denkt, während er Sie untersucht? Welche Frustrationen ihn gerade bewegen? Oder dass er gerade denkt, »der Kerl sollte mal seine Fußnägel schneiden«? Wohl kaum. Was Sie wollen, ist eine professionelle Behandlung.
Das gilt auch im Verhältnis von Führungskraft zum Mitarbeiter. Immer wieder gedeiht hier unter dem Deckmantel der Authentizität eine alles andere als wertschätzende, manchmal verletzende Kommunikationskultur – wenn etwa der Vorgesetzte dem Mitarbeiter schonungslos ein misslungenes Projekt vorhält, ihm signalisierend: »So offen bin ich halt. Wie Sie damit umgehen, ist Ihre Sache.«
Sinnvoll erscheint eher eine selektive Authentizität in dem Sinne: »Ich sage nicht alles, was echt ist – aber was ich sage, ist echt.« Also ein Plädoyer gegen eine vollständige Offenheit, gegen die totale Transparenz und Aufhellung des eigenen Ichs – aber zugleich ein Plädoyer für eine stimmige Kommunikation zwischen Führungskraft und Mitarbeiter.

Sinn vermitteln – mit Sensibilität

Ein Mitarbeiter lässt sich nur dann zur Kooperation und zum selbstorganisierten Engagement bewegen, wenn er überzeugt ist: »Diese Aufgabe macht Sinn, sie bietet mir Befriedigung und trifft meine persönlichen Motive.« Dabei wird er die Führungskraft auf den Prüfstand stellen. Er wird sie beobachten und versuchen einzuschätzen, wie es um ihre Führungskompetenz steht – ob sie in der Lage ist, strategisch richtig zu entscheiden, Projekte und Initiativen voranzubringen, aber auch für die Karriereentwicklung zu sorgen. Alle diese Themen stehen ja unter dem Vorbehalt der Unsicherheit. »Bin ich da guten Händen?«, fragt sich der Mitarbeiter.

Die Kompetenz, die der Mitarbeiter der Führungskraft zuschreibt, erfolgt quasi auf Kredit. Er wird nun weiter beobachten, wie es um ihr Verhältnis zwischen Worten (Beschreibungen!) und Taten (Absichten!) steht – und ob dazwischen möglicherweise Welten liegen. Es geht also um die personale Glaubwürdigkeit: Agiert die Führungskraft stark im eigenen Interesse? Oder kann man darauf vertrauen, dass sie die Organisationsziele verfolgt und eine Balance zwischen Unternehmensinteressen, eigenen Interessen und Mitarbeiterinteressen wahrt?

Um Ihren Mitarbeitern das Gefühl zu geben, dass sie »in guten Händen« sind, benötigen Sie Verlässlichkeit, Einfühlungsvermögen und eine offene, transparente Kommunikation. Der entscheidende Punkt dabei: Sie kommunizieren mit Ihren Mitarbeitern auch als Mensch, nicht nur als Funktionär. Das bedeutet, eine optimale Balance zu finden im Spannungsfeld von »Sense« und »Sensibility«: Sie vermitteln den Sinn des Unternehmens, des Projektes oder der Aufgabe – tun dies aber mit Sensibilität für Kontexte und Rollen, sehen also den jeweiligen Mitarbeiter auch als Menschen.

Gerade die Wissensarbeiter Ihres Unternehmens werden Ihnen diese Sensibilität danken. Ein weit verbreiteter Trugschluss geht davon aus, dass hier elaborierte Denker am Werk sind, keine Wesen aus Fleisch und Blut. So kommuniziert man mit ihnen knapp und sachlich, vergleichbar mit einer intelligenten Maschine – und übersieht, dass es Menschen mit Wünschen, Sehnsüchten, Hoffnungen und Emotionen sind. Suchen Sie also zu Ihren Experten den persönlichen Kontakt, damit sie nicht »sozial verhungern«!

Gehen Sie auf diese Mitarbeiter zu, treffen Sie den richtigen Ton, schenken Sie ihnen einige Augenblicke Ihrer Arbeitszeit.

»Sense« mit »Sensibility« lautet also die Führungsaufgabe, Sinn vermitteln mit der notwendigen Sensibilität. Für Freunde von Checklisten folgt hier eine Zusammenfassung als Checkliste:

»Sense«: Sinn vermitteln

- Welche Entwicklungen im Umfeld sind für uns wichtig? Welche nicht?
- Das Big Picture kommunizieren: beschreiben, begründen, lebendig machen.
- Herausfordernde Ziele setzen, sie auch klar aussprechen und dranbleiben.
- Welche Einstellung haben wir zum Experiment, zum Risiko und auch zum Scheitern?
- Kursänderungen mitteilen und nachvollziehbar begründen.
- Führen durch gute Fragen – offen, neugierig, kein Verhör, mitarbeiterspezifisch.
- Kreativität anregen, durch Hinterfragen stimulieren.
- Zeitnahes, wertschätzendes und bereicherndes Feedback geben.
- Fehler zugeben, Verantwortung für das eigene Tun übernehmen (»Ich-Form« verwenden).
- Bei Bedarf klare Ansage, z.B. in Schlechtwetterzeiten klare Entscheidungen treffen und kommunizieren.

»Sensibility«: mit der notwendigen Sensibilität

- Ein feines Sensorium für Personen, Kultur und Entwicklungen haben, auch für kleine Abweichungen, hierzu in Tuchfühlung mit den Personen bleiben.
- Sich in die Gefühle und Sichtweisen anderer Menschen hineinversetzen, auf diese angemessen reagieren.
- Aktives Zuhören.
- Achtsamer Umgang mit Sprache, keine unpersönlichen Schablonen, kein Managerjargon.
- Agil kommunizieren, d.h., auf Mitarbeiter zugehen, spezifisch den richtigen Ton treffen, ständig in Kontakt sein.
- Zeit schenken.

- Wertschätzende Kommunikation.
- Sinn für den Grad an persönlicher Kommunikation – auch um gerüstet zu sein, wenn es in Krisenzeiten darum geht, durch »Dornen und Disteln« zu gehen.
- Sag, was du tust, tue, was du sagst.
- Zum Widerspruch ermutigen.

Bleibt noch hinzuzufügen: Eine gute Führungskraft zeichnet sich durch ein ehrliches Interesse an Menschen aus. Wer führt, sollte Menschen mögen. Das gelingt am ehesten, wenn man sich selber mag und mit sich im Reinen ist. Dies wiederum setzt voraus, sich selbst zu verstehen. Dazu aber mehr im dritten Teil des Buchs.

Physische Präsenz: Sprechen statt schreiben

Das persönliche Gespräch – es ist wichtiger denn je. Man glaubt, Digitalisierung und neue Medien ersetzen die Kommunikation von Angesicht zu Angesicht. Ein Trugschluss: Über digitale Medien entstehen zwar zahlreiche Kontakte, die jedoch für eine fundierte Führungsbeziehung zu locker sind. Soziale Medien erlauben es, Informationen und Gedanken auszutauschen, für eine vertiefte Beziehung, einer wechselseitigen menschlichen Lesbarkeit genügen sie nicht.

Es braucht das persönliche Gespräch, um Feinheiten zu entziffern, Missverständnisse zu klären und – vor allem – wechselseitig neue Ideen zu generieren. Rund 60 Prozent der Information, so schätzen Kommunikationswissenschaftler, wird nonverbal vermittelt. Diese Einsicht bestimmt offenbar selbst die Gepflogenheiten im Silicon Valley, dem Paradies der hochgradigen Vernetzungen: Anbahnungen, Kontakte, wichtige Gespräche erfolgen dort durchweg von Angesicht zu Angesicht. Verzichten Sie daher möglichst auf Rundschreiben und E-Mails, reden Sie stattdessen direkt mit Ihren Mitarbeitern und Ihrem Team. Um zu führen, benötigen Sie feste Beziehungen. Nur dann gelingt es, für ein Thema zu begeistern. Nur dann werden Mitarbeiter und Kollegen für Ihre Ziele durchs Feuer gehen.

Selbstverständlich haben digitale Medien ihre Funktion. Virtuelle Teams funktionieren und können gute Arbeit leisten – vorausgesetzt, die Mitarbeiter kennen sich auch persönlich. Es sollte daher immer wieder Gelegenheiten geben, bei denen sich die Mitglieder eines virtuellen Teams persönlich treffen – etwa beim Kickoff eines Projekts. Hierfür zu sorgen, ist Aufgabe der Führungskraft.

Bleibt festzuhalten: Eine intensive Führungsbeziehung braucht auch in der digitalisierten Welt ein gutes Maß an persönlicher Begegnung. Vor allem um Ideen auszutauschen – um kreativ, schnell und agil zu sein.

Reflexionsfähigkeit: Reflect, act, reflect!

Reflexion – für die meisten Manager ist das keine leichte Übung. Sachzwänge erfordern rasches Handeln, Gewohnheiten und operative Hektik hindern daran, auch einmal innezuhalten und bewusst die Beobachterperspektive einzunehmen. Erst wenn die Abläufe plötzlich stocken, wenn man nicht mehr weiter weiß, erhält Reflexion eine Chance. Oft braucht es den geschützten Raum eines Coachings, damit es dazu kommt.

! **Beispiel**

Johannes Keller, Topmanager in einem Großunternehmen, geriet in eine scheinbar aussichtslose Situation. Im Gespräch mit dem Coach schilderte er, dass ein wichtiges Veränderungsprojekt vor dem Scheitern stand. Er selbst, aber auch seine Teammitglieder waren mit ihrer Vorgehensweise an Grenzen gestoßen, die Projektziele waren nicht mehr zu halten. Nun ist Johannes Keller Physiker und vielleicht lag es auch daran, dass er versucht hatte, das Projekt mit einer streng naturwissenschaftlich-rationalen Logik zu managen. Zusammen mit seinem Coach reflektierte er die Lage und kam den Dynamiken des Systems auf die Spur – angefangen bei den Befindlichkeiten einzelner Personen bis hin zum Erkennen eines Gesamtmusters. Um es kurz zu machen: Das veränderte Verständnis der Situation half dem Manager, das Projekt neu aufzusetzen und eine andere Form der Projektsteuerung zu finden.

Ein schönes, positives Beispiel. Doch sollten Sie mit dem Reflektieren nicht warten, bis der Karren im Dreck steckt. Reflexion sollte regelmäßig stattfinden – gemeinsam mit einer Kollegin oder einem Kollegen, im kleinen Führungskreis, mit einem vertrauten Partner oder mit der professionellen Unterstützung eines externen Coachs.

Reflektieren, handeln, wieder reflektieren – dieses Prinzip hilft, um mit den komplexen Verhältnissen der Next Society zurechtzukommen. Womit wir beim neunten und letzten Fundamental angekommen sind: Führen in der neuen Zeit beinhaltet auch Reflexion.

Reflektieren, nicht grübeln: Raus aus der Einsamkeit!
Der Begriff Reflexion kommt vom Lateinischen »reflexio«, was sich mit »Zurückbeugen« oder »Widerspiegeln« übersetzen lässt. Reflexion ist demzufolge ein prüfendes, vergleichendes Nachdenken. Es bedeutet, sich die eigenen Handlungen und Gedanken klarzumachen, also ein »Zurückbiegen« des Geistes auf sich selbst – eine Arbeit am Paradox eines blinden Flecks oder wenigstens der Versuch, ihn an eine weniger störende Stelle zu schieben.

Reflexion ist kein Sinnieren oder stilles Grübeln, sondern eine achtsame und ehrliche Reise durch die eigenen Wahrnehmungen, Bewertungen und Deutungen – wohl wissend, dass man ewig reflektieren kann und die Dinge dennoch nie komplett durchblickt. Das Augenmerk sollte vor allem auf Auswirkungen und Konsequenzen liegen. So gelingt es, neue Aspekte zu entdecken, aber auch Bestehendes anders wahrzunehmen und dadurch die Handlungsfähigkeit zu verbessern oder wiederzugewinnen. Das gilt generell, aber natürlich auch für schwierige Führungssituationen.

»When in doubt, share the problem«, fordert der Managementvordenker Edgar Schein. Das heißt auch: Reflektieren ist kein einsames Nachdenken, sondern erfolgt stets gemeinsam, idealerweise im Führungsteam. Ansonsten besteht die Gefahr, entweder ins Grübeln zu versinken oder in ein heroisches Alleindenken zu verfallen, nach dem Motto: »Ich durchdenke und weiß alles.«

Die gemeinsame Reflexion ist eine Teamleistung. Dafür braucht es – und das ist nicht nur auf den ersten Blick widersprüchlich – starke Einzelspieler, die zwar alle Positionen beherrschen, aber erst im Spiel mit den anderen ihre Qualitäten vollumfänglich ausspielen können. Angesichts der vielen Alpha-Männer in den Führungsetagen gehören Teamfähigkeit und Reflexion im Team zu den zentralen Herausforderungen, um das Unternehmen durch disruptive Zeiten zu steuern.

Das betrifft ganz besonders das Topmanagement. Ein Führungsteam auf oberster Ebene unterliegt sehr speziellen Dynamiken, zu denen etwa Karriereambitionen oder die persönliche Disposition der Beteiligten beitragen. Rivalitäten, Bereichsabschottungen, formalisierte Abstimmungsprozesse, Beschönigungen nach dem Motto »Alles im grünen Bereich«, die Scheu vor Konflikten – all das ist bekannt und soll hier nicht weiter vertieft werden. Es zeigt aber, dass die Teamfähigkeit häufig nicht gerade gut ausgeprägt ist. Eine zerstrittene, schwache Führung läuft Gefahr, in dysfunktionales Verhalten abzugleiten. Da wird dann zum Beispiel nur noch auf die Quartalszahlen aus dem Controlling gestarrt, also nur noch auf die Anzeigetafel im Spiel, anstatt auf den Ball und die Spieler. Intelligente Spielzüge sind so kaum mehr möglich.

Bei allen vorhandenen Rivalitäten: Es gibt Beispiele, dass sich Vorstände zusammenraufen und miteinander einen Pakt schließen – zumindest für eine definierte Zeit, vielleicht für drei Jahre. Eine solche Übereinkunft lässt sich am ehesten durchhalten, wenn sie von Reflexionsphasen begleitet ist. Reflektieren heißt eben nicht, allein durch Nachdenken ein Problem lösen zu wollen, sondern gemeinsam mit Hilfe gutgemachter Settings sich selbst, das Führungsteam und die Organisation quasi von außen zu betrachten. Ein Führungsteam sollte sich hierfür mindestens zweimal im Jahr eine Auszeit nehmen und für dieses Treffen einen externen Moderator hinzuziehen.

Eine Antwort auf die interne Komplexität

Gerade in Konzernen finden heute formalisierte, hoch getaktete Sitzungen statt, in denen Entscheidungsvorlagen vorgetragen und verabschiedet werden. Diese Besprechungen sind effizient, formal geregelt und lassen deshalb keinen Raum für Reflexion. Nun ist aber in den letzten zwei Jahrzehnten die Vielfalt der Strukturen und Prozesse immer größer geworden, das heißt, die interne Komplexität hat eine neue Qualität erreicht – und es wird immer deutlicher: Das formalisierte Besprechungswesen ohne Freiräume für Reflexion bietet hierauf keine adäquate Antwort.

Das Führungsverständnis in der Next Society lässt die heroische Führung hinter sich. Von der stark personenzentrierten Führungssicht wird das Gewicht stärker auf Organisationsfähigkeit verschoben – mit der großen Herausforderung, die im Unternehmen verteilte Lösungsintelligenz zu bündeln und konsequent für die Unternehmensziele zu nutzen. Es geht also darum, zum Beispiel Strategie und Zukunftsentwicklung als gemeinsamen Prozess zu organisieren oder ein großes Veränderungsprojekt aufzulegen.

Die besondere Herausforderung liegt darin, dass Führung sich hier nur auf Erfahrungsfelder stützen kann. Das heißt, sie interveniert in ein Feld, das durch vorangegangene Führungserfahrung und Muster geprägt ist – sie stößt auf Bedingungen, die sie durch vorheriges Tun selbst geschaffen hat. Plattes Beispiel: Wenn Sie gegen einen Stein treten, lässt sich in etwa berechnen, wo er hinfällt. Wenn Sie einen Hund treten, wissen Sie nicht, was passiert. Ob er Sie beißt oder sich jaulend davontrollt, hängt mit seinen Erfahrungen zusammen. Ist er es gewohnt, in dieser Situation zu beißen, wird er wieder so reagieren.

Genauso müssen Sie in der Führung mit festen Reaktionsmustern rechnen. Sie starten eine Change-Initiative und denken, sie wird erfolgreich sein. Möglicherweise kommt es aber anders, weil es für die Mitarbeiter die x-te Initiative dieser Art ist und die Erfahrung ihnen sagt, dass auch dieses Projekt nichts bringt. Solche Muster zu erkennen, darauf rechtzeitig zu reagieren, auch durch eigenes Führungsverhalten Muster zu ändern und günstige Erfahrungsfelder zu schaffen – das ist Aufgabe von Führung in einem komplexen Umfeld.

Führungskräfte, die hier steuern, wissen um die Wirkung der eigenen Person und ihrer kommunikativen Kompetenzen. Sie kalkulieren ein, wie sie wirken – und beziehen ein, wie andere sie beobachten. Sie nutzen die Aufmerksamkeit, die ihnen zuteilwird, kalkulieren bewusst mit dieser Form der Aufmerksamkeitsenergie. Damit das gelingt, benötigen sie ein gutes Maß laufender Selbstbeobachtung. Das beinhaltet ein kritisches Überprüfen des eigenen Handelns und der Wechselwirkung mit dem Umfeld, ebenso den Blick darauf, welche Einschätzungen existieren und wo die Organisation steht. Ebenso wichtig ist die Reflexion im Führungsteam: Was wollten wir erreichen, wo stehen wir? Wer reagiert wie? Welche Dynamik ist wo erkennbar? Das Team reflektiert die Situation anhand solcher Fragen, stellt Hypothesen auf – bis schließlich ein Bild entsteht, aus dem der Handlungsbedarf deutlich wird.

Deutlich wird: Ein gut getaktetes, effizientes Besprechungswesen reicht im Unternehmen der Next Society nicht aus. Das Führungsteam braucht auch Raum für Reflexion.

Beobachtung zweiter Ordnung: Beobachten Sie die Beobachtung!
Reflexion ist ein prüfendes Nachdenken. Dazu gehört auch, wie es Systemtheoretiker ausdrücken, die Beobachtung zweiter Ordnung: Ich beobachte jemanden beim Beobachten. Zum Beispiel beobachten Sie einen Mitarbeiter, wie er ein Geschehen beobachtet – und Sie prüfen, was er wahrnimmt, welche Unterscheidungen er macht und wie er das Geschehen bewertet. Im nächsten Schritt besprechen Sie mit ihm, was Sie beobachtet haben. Der Nutzen leuchtet unmittelbar ein: Wer einen anderen beim Beobachten beobachtet, dem fällt etwas auf, was dem anderen nicht auffällt – und vice versa. Bezogen auf das Unternehmen geht es darum, die Wahrnehmungen durch Management und Mitarbeiter zu beobachten und in die Teamsitzungen einzubringen. Die Beobachtung zweiter Ordnung wird so zu einem wichtigen Führungsinstrument, um verborgene Aspekte aufzuspüren und das Unternehmen in einem komplexen Umfeld erfolgreich zu steuern.

Beobachten Sie also Ihre Organisation oder Abteilung und verfolgen Sie, was diese wiederum im Blick hat, was sie vielleicht weniger im Blick hat und welche Entscheidungen sie trifft. Zum Beispiel bei einem Strategieprozess: Wie nehmen die Beteiligten das Umfeld wahr? Welche Beobachtungen teilen sie einander mit? Blickt jeder nur durch die Brille seiner Funktion? Richtet sich das Augenmerk nur auf etablierte Produktkategorien? Wenn ja, fehlt der Blick über den Tellerrand. Als beobachtender Vorgesetzter können Sie nun eingreifen und auf übersehene Aspekte hinweisen.

Es geht also darum, das Geschehen quasi von außen anzuschauen – und zu überlegen, wie Sie bei Bedarf intervenieren: Braucht es eine klare Ansage, und welche Konsequenzen hätte das? Oder genügt es, einen neuen Gesichtspunkt einzubringen, um den Prozess in die richtige Richtung zu lenken? Als Führungskraft greifen Sie ein und kommunizieren Ihre Beobachtungen – was wiederum die Sichtweisen des Teams und letztlich die Handlungen und Entscheidungen beeinflusst.

Nomen est omen – postheroische Führung

»Postheroisch« – mit diesem Begriff verbindet sich häufig die Meinung, der führungsstarke Heroe habe ausgedient, mithin auch Führung an Bedeutung verloren. Es brauche weniger Führung, so wird argumentiert, wenn sich alte Ordnungen auflösen und Hierarchien flacher werden. Die Führungsaufgabe verlege sich dann immer mehr zu den Spezialisten und in die sich selbst steuernden Netzwerke.

Wie wir gesehen haben, ist diese Schlussfolgerung falsch. Der Begriff »postheroisch« lässt sich keinesfalls mit einem Weniger an Führung verbinden. Im Gegenteil: Die vorgestellten neun Fundamentals der Führung zeigen, dass gerade die Next Society Führungspersönlichkeiten braucht, die nicht nur controllen und verwalten, sondern auch entscheiden und riskieren. Postheroisch heißt hier nicht, dass es nicht sehr auf die Personen ankäme – aber sie sind nicht die Lösung. Die intelligente Führungskraft organisiert intelligente Kommunikationsprozesse, um zu intelligenten Entscheidungen zu kommen.

Welcher Begriff passt nun für die skizzierte neue Form von Führung? Leadership? Postheroische Führung? Hans Hinterhuber, emeritierter Professor für Unternehmensführung der Universität Innsbruck, »kämpft für einen neuen Führungsbegriff in einer Wirtschaft, die sich nicht mehr durch eine technokratische Wirtschaftslehre definiert«[53]. Er wählte den Begriff »Leadership«. Sein Standardwerk trägt den Titel »Leadership« und beschreibt den Übergang vom Management zu Leadership. Gemeint ist damit die Fähigkeit, Mitarbeitern einen Rahmen zu geben, sie zusammenzubringen und zu fördern – was Reife und soziale Kompetenz voraussetzt. Gutes Leadership, so führt Hinterhuber aus, macht aus Menschen mehr, als sie sich selber zutrauen. Als weiteres zentrales Merkmal nennt er die Fähigkeit, mit offenen Prozessen umzugehen.

Leadership, so wie es Hans Hinterhuber definiert, trifft also recht gut die zukunftsoffene und agile neue Führung, wie wir sie beschrieben haben. Sehen wir uns noch den Begriff »Postheroische Führung« an. Er geht auf Charles Handy zurück und wurde dann von Dirk Baecker aufgegriffen, der wie folgt definiert: »Postheroische Führung ist nicht nur situativ, inkrementalistisch und improvisiert, sondern auch in der Hinsicht prozessorientiert, dass immer wieder neu überprüft wird, mit welchen Ideen, Diagnosen, Kompetenzen und Ressourcen man unter welchen Umständen welche Erfahrungen gemacht hat.«[54]

Während die Welt der postheroischen Führung komplex ist, zeichnet sich die Welt der heroischen Führung durch Einfachheit aus. Sie »kennt nur Gewinne und Verluste«, und »preist ihre Helden dafür, dass sie klare Orientierung bieten und mit leuchtendem Beispiel« vorangehen. Dirk Baecker skizziert diesen Unterschied, wendet dann aber ein, dass eine »so eindeutige Unterscheidung zwischen heroischer und postheroischer Führung die Dinge zu einfach« macht. Man werde es in der Realität »immer mit Heroen zu tun haben, die wissen, wann sie auf postheroische Intelligenz umstellen müssen, um einen neuen Ansatz zu finden, wenn der alte sich nicht bewährt«[55]. Umgekehrt wird ein postheroisch handelnder Manager gelegentlich den Helden spielen, »wenn es darauf ankommt, an jene heroischen Affekte zu appellieren, die man zuweilen braucht, um eine unmögliche Entscheidung zu treffen«. Diese gemischte Variante, so schlägt Dirk Baecker vor, könnte man ganz einfach als »kluge Führung« bezeichnen.

Leadership, postheroische Führung, kluge Führung – drei Begriffe, die auf die neue Art von Führung in der Next Society passen. Jenseits der Frage nach dem treffenden Begriff lässt sich als ganz praktische Orientierung festhalten: Für die Zukunft zeichnet sich ein erweitertes Führungsverständnis ab, das in Richtung unternehmerische Führung geht. Anders als der den Quartalszahlen nachjagende Manager agiert ein Unternehmer, zumal in einem Familienunternehmen, langfristig. Das macht ihn zum Garant für nachhaltiges Wirtschaften. Der oft in Generationen denkende Unternehmer schafft Dinge, die zu erhalten sich lohnen. Ökologische Zusammenhänge sind ihm wichtig, ebenso Vertrauen und langfristige soziale Bindungen zu Mitarbeitern und Kunden, aber auch zum gesellschaftlichen Umfeld. Wenn Sie sich als Manager am Vorbild des Unternehmers orientieren, können Sie sicher sein: Die Richtung stimmt.

Von der heroischen zur postheroischen Führung

!

Kompass
Es heißt Abschied zu nehmen von vertrauten Führungsprinzipien. Die folgende Übersicht skizziert die neun Fundamentals der postheroischen Führung – jeweils im Kontrast zur alten Welt.

Heroisch	Postheroisch
Einheitlichkeit sichern, Sanktionierung von Abweichungen	»Vielheitsfähigkeit« zulassen, fördern, pflegen – und selbst damit umgehen
Streben nach Macht, um Dominanz zu zeigen und Druck auszuüben	Streben nach Macht, um gestalten zu können; Macht im Dienste der Organisation sinnvoll nutzen
Direkte lineare Einflussnahme, Mitarbeiter beherrschen	Gestaltungsräume schaffen und offen halten; Teamintelligenz nutzen
Bewusste Reduktion auf Klarheit und Eindeutigkeit	Paradoxien wahrnehmen, akzeptieren, aushalten und ggf. intelligent nutzen
Rationales Entscheiden nach umfassender Analyse	Behutsames Vorwärtstasten – explorativ, Optionen wahrend
Kontrolle wichtiger als Vertrauen; Führen durch Anweisung und Kontrolle	Vertrauen wichtiger als Kontrolle; indirekt führen, Vertrauen auf Eigenverantwortlichkeit
Orientierung an Zahlen, Daten, Fakten – Vorrang für ökonomische Betrachtung	Sinn als Orientierung; Sicherung der langfristigen, nutzenstiftenden Identität
Sachbetonung in der Kommunikation; Schuldzuweisungen bei Fehlern	Vielfältige Kommunikationsbeziehungen, Nutzung der Teamintelligenz; beidseitige Verantwortung.
Analytisches Denken, eher alleine	Gemeinsames Reflektieren im Team – Perspektiven wechseln, Verknüpfungen bilden

Teil 3: Re-Start

3.1 Personal Leadership und Anfängergeist: Erkenne dich!

Im Anfänger-Geist liegen viele Möglichkeiten,
in dem des Experten wenige.
Shunryu Suzuki-roshi

Seit Jahrzehnten waren wir es gewohnt, in einer stabilen Welt des Erfolgs zu leben. Wachstum war das Credo der Unternehmen und wir selbst kletterten eifrig die Karriereleiter hoch. Auch da gab es schon Probleme, auch da drohte hin und wieder der Absturz, wenn beim eiligen Klettern plötzlich eine Sprosse zerbrach. Und für den einen oder anderen stellte sich auch die Luxusfrage: »Was mache ich, wenn ich auf der letzten Sprosse der Leiter angekommen bin?« Insgesamt jedoch waren die Dinge geordnet und vorhersehbar.

Heute gleicht das Berufsleben immer weniger einem solchen ruhig dahinfließenden Strom. Stattdessen bestimmen Wasserwirbel, Stromschnellen, Überschwemmungen und Dürrezeiten das Geschehen. Wer persönlich den Weg zur Next Society sucht, folgt keinem begradigten Flussbett mehr, sondern bewegt sich zwischen Klippen und Sandbänken. Die Ufer sind unbefestigt, das Gelände abwechslungsreich und voller Überraschungen.

Navigieren in unbekannten Gewässern bedeutet: Vertraute Strukturen lösen sich auf, Traditionen gelten nicht mehr. Stabilität, Planbarkeit und Sicherheiten gehen verloren. Erziehung und Sozialisation in Kindheit und Jugend reichen als Vorbereitung nicht mehr aus, um problemfrei das Erwachsenendasein zu bestreiten.An Stelle einer geraden, nach oben gerichteten Karriereleiter sehen wir uns mit Brüchen, Beschleunigungen und Verzögerungen konfrontiert. Das führt zu unvorhergesehenen Berufs- und Identitätskrisen. Existenzielle Lebensfragen werden berührt – eine »Nachsozialisation« wird erforderlich, eine Art Selbsterneuerung. Das Bild einer »fertigen Person« gehört der Vergangenheit an, wenn es überhaupt jemals gestimmt hat.

Wie können wir uns auf diese neue Zeit vorbereiten? Die gute Nachricht dazu kommt aus der neurobiologischen Forschung. Demnach entwickelt sich unser Gehirn bis ins hohe Alter weiter, sofern wir in die eigene Weiterentwicklung durch lebenslanges Lernen investieren. Selbsterneuerung ist damit nicht nur ein schönes Konzept, sondern kann sogar ein wirksames Mittel darstellen, um den Abbauprozessen des Alters entgegenzuwirken.

Um den Weg in die Next Society zu finden, wäre es falsch, sich nun in ein kopfloses Bergaufgefecht zu stürzen. Halten Sie stattdessen zunächst einmal inne und schärfen Sie den Geist für das Neue. Brechen Sie erst dann auf – mit frischem Anfängergeist.

Den Geist für das Neue schärfen

Wir glauben uns zu kennen, sind uns unserer Stärken einigermaßen sicher und haben unseren Berufsweg daran ausgerichtet. Die zweite Hälfte des Lebens steht jedoch oft unter einer anderen Diktion, nämlich einer Rückbesinnung auf tiefere, vielleicht verschüttete Werte. Anlass dafür kann sein, dass zentrale Anker in die Brüche gehen. Oder einfach nur die Midlife-Crisis, die ihr Recht einfordert: 20 Jahre Arbeit sind gut gelaufen ist, die Kinder sind fast aus dem Haus. Nun melden sich Zweifel, ob die Richtung noch stimmt. Zeit für eine zweite Karriere? Re-Start, Umparken im Kopf?

Neue Themen treten hervor, die eines tieferen Schürfens bedürfen: Wer bin ich, was hat mich geprägt? Bin ich in den letzten Jahren mit fremden Kleidern herumgelaufen, habe ich also Entscheidungen gefällt, die mich zwar groß und erfolgreich gemacht haben, aber nicht wirklich zu mir passten? Oft werden nun auch familiäre Prägungen bewusst, die man im Sturm und Drang der ersten Berufsjahre nicht wahrhaben wollte. Grundsätzliche Fragen also, die nach einer Auszeit verlangen. Der eine pilgert jetzt den Jakobsweg, der andere kämpft sich durch die Urwälder Südamerikas, der dritte erleidet einen psychischen Zusammenbruch und findet in der Lauterbacher Mühle zu sich zurück. Wieder andere mieten sich ein halbes Jahr eine Wohnung im Silicon Valley, um sich auf die Next Society einzustimmen.

Der Begriff »Anfängergeist« wird von Zen-Lehrern benutzt, um Menschen zu sich selbst zurückzuführen – um sie zu veranlassen, ihren eigenen Geist zu suchen, zu hinterfragen und sich darüber zu wundern, was und wie dieser Geist eigentlich ist. »Zen-Geist, Anfänger-Geist« lautet der Titel einer Unterweisung in Zen-Meditation, die der Japaner und Zen-Meister Shunryu Suzuki verfasst hat.

Anfängergeist – das ist eine offene Haltung, die sowohl Zweifel wie Zuversicht einschließt, ebenso die Fähigkeit, die Dinge immer frisch und neu zu sehen. »Mindfulness«, Achtsamkeit, ist hierzu der entscheidende Schlüssel, sagt Jon Kabat-Zinn. Der amerikanische Medizinprofessor unterrichtet Achtsamkeitsmeditation, um Menschen zu helfen, besser mit Stress, Angst und Krankheiten umgehen zu können. »Achtsamkeit ist die Kunst, sich durch Meditation ganz auf das Hier und Jetzt zu konzentrieren, unseren Geist so zu schärfen, dass wir unser volles Potential ausschöpfen.«[56] Jon Kabat-Zinn gilt als ein Star unter den Yoga-Lehrern und hat auch im Silicon Valley zahlreiche Anhänger.

Den Geist schärfen – das bedeutet sich selber erforschen, zu sich selber finden. Es erfordert, sich selbst und seinen Geist zu beobachten. Ein relativ schwieriger Prozess, bei dem Meditation hilft. Es ist hier nicht der Ort, diesen Gedankengang weiter zu vertiefen. Betrachten wir den Anfängergeist deshalb ganz einfach als eine Metapher, die uns auffordert, noch einmal neu auf unser Leben zu schauen.

Stellen Sie sich vor ... !

»Stellen Sie sich vor, Sie würden alles sofort verstehen.
Es gäbe keinen Widerstand, weder innerlich noch äußerlich.
Müssten Sie sich dann nicht darauf versteifen, dass die Welt exakt Ihrem Erkenntnisvermögen entspreche, dass sie quasi kopfförmig sei, und damit die Möglichkeit von Überraschung und Erstaunen verabschieden?
Überraschung entspringt der Differenz zwischen einer früheren und einer späteren Überzeugung.«
Monika Rinck, Risiko und Idiotie, Eine provokante Lyrik, 2015

Heldenreise nach innen

Die klassischen Helden, so haben wir festgestellt, haben in der Next Society ausgedient. Sicher: Medien und Öffentlichkeit werden auch weiterhin

Helden kreieren, doch als Vorbild sollten sie eher nicht dienen. Zu groß ist die Gefahr, nach kurzer Zeit zu einem sinkenden Stern zu werden, womöglich gar als Sündenbock herhalten zu müssen. Denn wie sagt der Philosoph René Girard: »Eine Gesellschaft braucht den Sündenbock immer dann, wenn sie sich von einer Katastrophe bedroht fühlt.« Und Unsicherheiten oder gar Katastrophen sind heutzutage durchaus erwartbar. Nein, von diesen Heldengeschichten sollte man sich besser fernhalten!

Die wahren Helden der Next Society sind andere: Sie unternehmen eine Reise nach innen. Sie sind damit Erneuerer – Erneuerer ihres Selbst. Diese Reise ist alles andere als ein Spaziergang, berührt sie doch auch die eigenen Schattenseiten. Der Held hat den Kampf gegen die eigenen inneren Dämonen auszufechten.

Kurzer Wegweiser für die Selbstaufklärung

»Erkenne dich!« Die Reise nach Innen hat das Ziel, sich selbst zu erkunden und – daraus folgend – die eigene Identität zu erneuern. Das Thema ist ein klassisches Feld des Coaching, auch Gegenstand vieler Seminare. Der folgende Kasten enthält Leitfragen, die aus der Coaching- und Beratungspraxis stammen. Sie lassen sich als Wegweiser nutzen, um die Richtung für eine solche Reise ins Innere zu erkennen.

!

Erkundungsfragen zur Selbst- und Identitätserneuerung

Die folgenden Fragen aus der Coaching- und Beratungspraxis helfen, die Stabilität und Balance in Selbstwahrnehmung und Identität zu überprüfen.

- **Biologische Dimension**
  - Wie fühle ich mich gesundheitlich?
  - Wo gewinne ich Kraft, was erschöpft mich?
- Psychologische Dimension
  - Welche Einstellungen, Eigenheiten, Erfahrungen und Wünsche machen mich heute aus?
  - Was ist gut genug für mich?
  - Wofür kann ich mich begeistern, worin liegen meine Freude und meine Lust?
- Dimension der Identität, sozialen Rollen und Umwelt
  - Was macht mich aus, was unterscheidet mich von anderen?
  - Was sind berufliche und private Rahmenbedingungen, die ich so akzeptieren muss (will), wo will ich verhandeln, verändern?

- Was waren meine Ziele – habe ich sie schon erreicht oder sogar übererfüllt?
- Interaktionsprozess
  - Wie viel Zeit und Energie investiere ich in einen bewussten Austauschprozess zwischen allen meinen Lebensbereichen?
  - Welche Werte will ich in meinem Leben verwirklichen?
  - Was ergibt für mich Sinn?
  - Woran werde ich merken, dass ich in einem neuen Lebensabschnitt gelandet bin?

Die aufgeführten Fragen aus der Coachingpraxis haben den Duktus eines Ratgeberbuchs. Ähnlich wie bei einem Seminar besteht die Gefahr, dass ihre Bearbeitung unzureichend und damit letztlich an der Oberfläche bleibt. Machen wir deshalb den Versuch, etwas tiefer einzusteigen.

Tiefenbohrung

Was heißt das nun genau, sich selbst kennen? Und wie kommt man dahin? Um eine Antwort zu finden, folgen wir der Spur von Dr. Michael Bordt. Der Philosoph und Jesuit beschäftigt sich mit dieser Frage fast sein Leben lang. Er berät Topmanager und ist Vorstand des Instituts für Philosophie und Leadership der Hochschule für Philosophie in München. Folgen wir seinen Gedanken, um uns selbst zu verstehen. Starten wir, wie er es ausdrückt, »eines der spannendsten Projekte, denen wir uns im Leben widmen können«. Angelehnt an sein Buch »Die Kunst sich selbst zu verstehen« lässt sich dieses Projekt in fünf Abschnitte gliedern.

Teilprojekt 1: Gedanken und Gefühle zu dem Leben, das wir führen, ergründen

Auf zweierlei Weisen sind wir auf unser Leben bezogen: kognitiv, also mit dem Verstand, und affektiv, also mit unserem Gefühl. Das heißt, wir können über bestimmte Aspekte unseres Lebens nachdenken, uns aber auch erfreuen oder ärgern. Wir arbeiten am Selbstbild als interessierter, wacher, neugieriger Beobachter unseres Selbst und schauen, was in uns passiert. Dies geschieht in zwei Stufen:

- Erste Stufe:
  Einstellungen gegenüber dem gelebten Leben. Ich ergründe, was ich über meinen Beruf denke und welche Gefühle ich mit meinem Beruf

verbinde. In mir steigt zum Beispiel Ärger hoch, weil ich nicht so weit gekommen bin, wie ich wollte.

- Zweite Stufe:
  Einstellungen gegenüber unseren Einstellungen. Ich beobachte, wie ich auf das Bild, das ich mir von meinem Beruf mache, reagiere. Ich hinterfrage zum Beispiel, ob der Ärger über meine berufliche Situation angemessen ist.

Es handelt sich um eine sehr differenzierte Arbeit am Selbstbild. Es lässt sich damit herausschälen, wie wir gerne wären und wie wir uns momentan erleben.

Teilprojekt 2: Das Puzzle der Gedanken und Gefühle sortieren
Betrachten wir unsere Gedanken und Gefühle aus einem gewissen Abstand, um sie erkennen und sortieren zu können. In diesen Abstand zu kommen, gelingt durch Selbstwahrnehmung, also die beobachtende, nicht wertende Wahrnehmung all unserer Gedanken und Gefühle. Nun lässt sich entscheiden und sortieren: Mit welchen Gedanken und Gefühlen möchte ich mich identifizieren, welche dagegen mir nicht zu eigen machen?

Dieser Entscheidungsprozess ist eingebettet in eine grundsätzliche Spannung, die jedes menschliche Leben charakterisiert: der Spannung zwischen dem, wer und wie wir sind, und dem, wer und wie wir gerne wären – also die Spannung zwischen Faktizität und Ideal. Das Ziel ist nicht, diese Spannung zu beseitigen, also das Ideal aufzugeben und sich auf das zu reduzieren, was wir faktisch sind. Vielmehr geht es darum, sich der Diskrepanz bewusst zu werden. Das Ideal ist Teil unserer menschlichen Existenz.

Teilprojekt 3: Annäherung an uns selbst
Das Puzzlespiel mit unseren verschiedenen, auch widerstrebenden Gedanken und Gefühlen umfasst auch die Überlegung, was zu mir gehört und was ich als Fremdes übernommen habe – etwa als Erwartung anderer oder als Folge der Sozialisierung durch das Umfeld. Ödon von Horwath hat es gut ausgedrückt: »Ich bin eigentlich ganz anders, ich komme nur selten dazu.«

Es geht immer um die Frage, was unsere eigene Stimme in diesem Durcheinander von Emotionen und Gedanken sagt – im Unterschied zu dem, was andere Menschen von uns erwarten. So lassen sich die Vielstimmigkeit, die Konflikte und vielfältigen Zugkräfte bearbeiten. Was uns leitet, ist das Ideal eines selbstbestimmten Lebens, das wir in uns tragen.

Dieses Ideal ist jedoch kein festgefügtes Bild, es kann selbst infrage gestellt werden. Es gibt für uns Menschen keine stabile Basis, von der aus wir den Prozess der Selbsterkennung führen können. Der Weg dahin ist ein lebenslanges Abenteuer, stets auch mit der inneren Freiheit zu einem schöpferischen Entwurf.

Teilprojekt 4: Klärung, was uns im Leben wichtig ist

Für das Projekt, uns selber zu verstehen, ist es von großer Bedeutung, sich über die eigenen Werte und Ziele Rechenschaft abzulegen:

- Was ist mir im Leben wichtig? Woran hängt mein Herz?
- Was möchte ich noch gerne erreichen? Wofür bin ich bereit, viel aufzugeben?

Die Antwort auf diese Fragen führt zu einer hierarchischen Ordnung der Werte. An der Spitze dieser Hierarchie steht ein letztes Ziel, ein oberster Wert: das gute, glückliche, sinnvolle oder gelungene Leben – das bestmögliche Leben.

Teilprojekt 5: Das Ziel des eigenen Lebens festlegen

Der wesentliche Punkt für ein gelungenes Leben liegt darin, ein Leben zu gestalten, mit dem man zufrieden ist. Für viele Menschen bedeutet das auch, Spuren in der Welt zu hinterlassen. Ein gelungenes Leben besteht aus drei wesentlichen Bausteinen:

- **Selbstbestimmung**. Zum bestmöglichen Leben gehört, dass wir uns nicht fremdbestimmt fühlen, sondern so leben können, wie es zu uns passt.
- **Zugehörigkeit**. Wir Menschen wollen uns zu einem anderen Menschen, zu einer Gruppe oder zu einem Projekt zugehörig fühlen.
- **Wirksamkeit**. Wir wollen wirksam tätig sein; wir wollen unsere Talente und Fähigkeiten entfalten.

Wer für sich ein solches bestmögliches Leben anstrebt, muss auch wissen, worin diese Art zu leben der Sache nach besteht. Ein Irrtum hätte hier schlimme Folgen, weil er bedeuten würde, die falschen Dinge anzustreben und sein bestmögliches Leben zu verfehlen.

Gerüstet für die Next Society

Die Motivation, diese Reise anzutreten, lebt vom Willen, sein Leben umfassend zu bejahen und in seinem Inneren ein freier Mensch zu werden. Die Reise erfordert es, die eigenen Sehnsüchte wahrzunehmen, Ängste und Emotionen zuzulassen, Schatten zu beleuchten und anzunehmen. Auch durchläuft sie Phasen, in denen man mit seinen dunklen Seiten konfrontiert wird – Trauer, Wut, Schmerz. Es ist durchaus angebracht, von einer Heldenreise zu sprechen: Dem Helden obliegt es, die inneren Dämonen zu besiegen.

Als Manager werden Sie zu einem Thema vorstoßen, das Sie vermutlich besonders beschäftigt. Da treffen Sie auf der einen Seite auf Ihre Ideale, auf der anderen Seite reflektieren Sie die aktuelle berufliche Situation. Was hat Sie bewegt, die hohen Belastungen, die der Job mit sich bringt, auf sich zu nehmen? Die Antwort kann lauten, dass die Arbeit Ihnen entspricht und dass Sie Ihren beruflichen Weg jederzeit wieder so einschlagen würden. Möglicherweise fällt die Antwort auch ganz anders aus und Sie merken zum Beispiel, dass Sie damit nur Ihrem Vater imponieren wollten – denn der war auch Vorstand.

Wenn Sie die Reise ins Innere gemacht haben, sind Sie gerüstet für die Next Society. Der Prozess hat Sie für die neuen Themen geöffnet und sensibilisiert. Er hat Sie robuster und beweglicher gemacht – auch mutiger, um die anstehenden Entscheidungen zu treffen. Gleichzeitig hat die Reise gelehrt, dass Ungewissheiten verbleiben. Ihnen ist klar geworden: Auf manche Frage werden Sie keine befriedigende Antwort erhalten, einige Fragen werden sich nie beantworten lassen. Oder wie es einer meiner Lebenslehrer sagte: »Bist du sicher, dass du diese Frage für eine Antwort hergeben willst?«

3.2 Eva-lution: Mann und Frau auf Augenhöhe

Stärke liegt in Unterschieden, nicht in Ähnlichkeiten.
Stephen R. Covey

Männer sind anders, Frauen auch.
Unbezweifelbarer Buchtitel mit zweifelnden Kommentaren

Die Führung, die Vision, die Zukunft, die Innovation, die Effizienz, die Synergie, ja sogar die Steuerung und die Bilanz – alles weibliche Begriffe. Naja, es heißt immerhin das Management. Fast scheint es, als stünde dieses Neutrum für eine unabänderliche Grundhaltung, denn neutral verhält sich auch die Literatur zum Thema Management, egal ob Sie bei Malik oder bei Sprenger reinschauen: Alles ist hier geschlechtsneutral dargestellt, sachlich, natürlich politisch korrekt. Meist sind es normative Beschreibungen, Anleitungen und Tools, um sich im Führungsalltag zurechtzufinden. Führung sollte so und so sein.

Was fehlt, ist eine Unterscheidung zwischen Mann und Frau mit den daraus resultierenden Konsequenzen. Wie können Mann und Frau im Management zusammenwirken? Welche Chancen sind damit verbunden? In der Managementliteratur ist das Thema noch kaum angekommen, ebenso wie im Management selbst hier eine Lücke besteht. Diese zu schließen, ist nicht nur überfällig, weil die Thematik Mann und Frau unser Leben seit jeher intensiv berührt und sich deshalb auch stärker im Führungsalltag wiederfinden sollte. Mehr noch sind es die Anforderungen der Next Society, die das Thema gerade jetzt auf die Agenda setzen. Wie in Kapitel 2.2 ausgeführt, ist Diversität ein entscheidender Faktor, um in einem zunehmend komplexen Umfeld zu bestehen.

Die zentrale Erkenntnis lautet daher: Der Weg in die Next Society lässt sich nur erfolgreich beschreiten, wenn es gelingt, zwischen Mann und Frau ein Verhältnis auf Augenhöhe zu finden, sich der jeweiligen Stärken gegenseitig bewusst zu werden und Unterschiede komplementär zu nutzen. Dazu braucht es auch ein grundlegend neues Rollenverständnis.

Was sagen Männer und Frauen über Erfahrungen mit männlichen bzw. weiblichen Führungskräften — Erfahrung mit Führung

Frauen über männliche Führungskräfte: ▪ Beschreiben diese als entscheidungsfreudiger, entschlossener und klarer. ▪ Sie sprechen sich ab und treffen Entscheidungen vor dem Meeting, Frauen erst im Austausch. ▪ Männer kontrollieren und dominieren mehr als weibliche Führungskräfte, es scheint, als wären sie ständig »am Drücker«. ▪ Männer wollen Menschen von sich weghalten. ▪ Männer agieren faktenbasierter.	**Frauen über weibliche Führungskräfte** ▪ Frauen sind in einer neuen Führungsrolle. Sie balancieren Familie und Geschäftsführung aus, ein neues Vorgehen löst das alte Rollenbild ab. ▪ Wenn weibliche Führungskräfte unter Druck sind, lassen sie diesen oft nachhaltig bei Mitarbeitern oder anderen Kollegen aus, man merkt, wenn Frauen unentspannt sind und unter Druck stehen, während Männer bei Konflikten kurz laut werden, es aber schnell vorbei ist.
Männer über weibliche Führung: ▪ Frauen haben einen sehr natürlichen, integrativen und sozialen Führungsstil, sie sind kommunikativer als Männer. ▪ Frauen nehmen die Probleme der Mitarbeiter ernster und gehen darauf ein. ▪ Männer erkennen bei Frauen öfter keine klare Linie bei Entscheidungen. ▪ Probleme offen auf Augenhöhe ansprechen und ausdiskutieren, das haben Frauen drauf. ▪ Frauen ist das Soziale oft wichtiger als Zahlen und Fakten.	**Männer über männliche Führung:** Männer führen oft zu autoritär, das Einfühlungsvermögen ist eingeschränkt. ▪ Männer konzentrieren sich mehr auf Probleme als auf Lösungen. ▪ Männer treffen klarere Entscheidungen als Frauen. ▪ Männer sind mehr Führer als Frauen und diskutieren vor einer Entscheidung weniger herum. ▪ Männer sind weniger nachtragend bei Konflikten als Frauen. ▪ Männer lassen oft den Chef raushängen. ▪ Männer leben Kollegialität und bilden Netzwerke.

Auszug aus der Studie DeepFinding SE (siehe auch Anhang): Wechselseitige Bilder

Das Rollenverständnis im Wandel

Inwieweit die Identität der Geschlechter angeboren oder sozialisiert ist, darüber streiten und ereifern sich die Autoren zahlreicher Gender-Studies. Ein vermintes, emotional aufgeladenes Gelände. Auch Mediziner, Psychologen und Sozialwissenschaftler beißen sich daran seit Jahrzehnten die Zähne aus. Die Frage soll hier nicht weiter verfolgt werden. Auch die ethnologische Analyse ferner Stämme mit Matriarchat wollen wir nicht erörtern. Kaum bestreiten lassen sich jedoch einige Funktionsunterschiede, die auch für unser Thema wichtig sind: Frauen gebären und stillen, Männer verfügen im Durchschnitt über etwas mehr Körperkraft und Mobilität. Das sind Konstanten, auf die man sich verständigen kann. Diese simplen Unterschiede mögen uns heute nicht mehr übermäßig wichtig erscheinen, prägen jedoch nach wie vor die aktuellen Fragen von Elternzeit bis zur Karriereplanung.

Zudem lässt sich beobachten: Das Rollenverständnis und die Rollenmodelle mit ihren jeweiligen Sphären beider Geschlechter haben sich im Übergang von Gesellschaftsformen stets maßgeblich verändert.

Die Rollen von Mann und Frau werden neu ausgehandelt

Blicken wir einmal weit zurück, in graue Vorzeiten. Da taten sich auf der einen Seite die erwachsenen Männer in egalitären Horden zusammen und nahmen eine dominierende Stellung ein. Die Frauen hingegen sammelten Früchte und lebten gemeinsam mit ihren Kindern. Im Verlauf der Evolution differenzieren sich die beiden Sphären und verbinden sich auf einer höheren Ebene – zum Beispiel durch Heirat, durch Übernahme der Vaterrolle, auch durch Übernahme von Feldarbeiten durch die Frau.

Vor allem in gesellschaftlichen Umbruchzeiten, etwa beim Sprung von der Agrar- zur Industriegesellschaft, hat sich das Rollenverständnis beider Geschlechter neu gebildet. Je nach Wertegefüge und sozialem Stand übernahmen Männer und Frauen unterschiedliche Aufgaben. Den wohl deutlichsten Schnitt vollzogen während der letzten zwei Jahrhunderte die Frauen, die sich vom bürgerlichen, auf Abhängigkeit beruhenden Frauenverständnis weitgehend emanzipiert haben. Selbstverständlich – das sei an dieser Stelle nicht verschwiegen – gibt es noch Defizite. Ebenso gilt es einzuräumen, dass die ursprüngliche Funktion der Differenzierung sich zu einem Status- und Machtunterschied zugunsten der Männer ausbauen lässt – was auch vielfach geschehen ist.

Auch in der aktuellen Umbruchphase werden die Rollen neu ausgehandelt. Möchten Mann und Frau auf Augenhöhe miteinander umgehen, werden sie nicht umhinkommen, in Verhandlung zu treten. Für den Mann bedeutet das zum Beispiel, die familiär-fürsorglichen Aspekte nicht mehr weitgehend der Frau zu überlassen, sondern stärker in sein eigenes Leben zu integrieren. Daraus entstehen neue Lebensformen. Männer und Frauen in Managerpositionen haben dementsprechend angefangen, neue Lebensabschnittsmodelle zu entwerfen und auszuprobieren. Ein Beispiel für das neue, moderne Rollenverständnis ist der Topmanager, der abends um 17 Uhr nach Hause geht, weil er seiner Frau während einer Risikoschwangerschaft beistehen will.

! **Beispiel**

Ein bekanntes Beispiel ist Volkmar Denner. Der Vorsitzende der Geschäftsführung der Robert Bosch GmbH im Interview mit der Süddeutschen Zeitung[57]:
»Man hört, dass Sie ohne Nachtschichten im Büro auskommen. Wie bekommen Sie die verschiedenen Aufgaben bei Bosch und das Privatleben unter einen Hut?« – »Mit Planung und Disziplin. Das Dreieck aus Bosch, Familie und Hobbys auszubalancieren, war immer Teil meiner Agenda.«
»Aber was ist das Geheimnis?« – »Ich plane die privaten Aspekte genauso wie die bei Bosch, egal, ob es um die Familie geht, das Motorradfahren oder das Basteln in meiner Hobbywerkstatt: Diese Termine, ob abends oder am Wochenende, haben dieselbe Wichtigkeit wie eine Telefonkonferenz mit Forschern im Silicon Valley.«

Puls am Zeitgeist: Zu Besuch in Ihrer Marketingabteilung

Ein kleiner Ausflug in die eigene Marketingabteilung könnte sich lohnen. Lassen Sie sich dort einige aktuelle Kampagnen zeigen. Wahrscheinlich werden Sie staunen, wie differenziert die Rollen von Mann und Frau dargestellt sind – geleitet von der nüchternen Überlegung, dass die Werbebotschaften bei den Kunden ankommen müssen. Was spricht dagegen, hieraus für die eigene Organisation und den Umgang untereinander zu lernen?

Gute Marketing- und Werbeleute haben den Puls am Zeitgeist. Sie setzen sich intensiv mit gesellschaftlichen Entwicklungen auseinander. Ihre Kampagnen greifen aktuelle Trends auf und zeichnen ein Bild der nahen Zukunft, vielleicht etwas idealisiert, aber fundiert und differenziert. Einen guten Einblick gibt hier zum Beispiel die »Männerstudie« des Zukunftsinstituts in Kelkheim. Insgesamt ergibt sich ein Bild, das auf ein neues, unverkrampftes Miteinander der Geschlechter hinweist. Hausfrau am Herd? Völlig uncool. Die Werbung zeigt sie emanzipiert, man denke an Porsche: »Ladies, start your engine!« Schönheitsansichten, na klar, das auch. Es gibt die Business Lady. Frauen werden oft im Berufsleben dargestellt – selbstbewusst, in erfolgsorientierten und leistungsstarken Rollen. Auch Frauen in Führungspositionen.

Und die Männer? Die harten Kerle wurden abgelöst. Keine Stereotypen mehr. Stattdessen sieht man Männer, die Kosmetik benutzen oder sich beim Familienausflug fürsorglich um Frau und Kinder kümmern. Zum Auslaufmodell geworden ist der Mann, der sich produziert und durch riskante Manöver den Frauen imponieren möchte. Der ideale Mann, den sich die Frau heute wünscht, ist entgegenkommend und einfühlsam, gleichzeitig aber auch stark und durchsetzungsfähig. So zumindest sieht es die Werbung, die dieses Bild mit allen seinen Widersprüchlichkeiten zeigt. Natürlich taucht nach wie vor der erfolgreiche Geschäftsmann auf, doch immer öfter auch der hingebungsvolle Familienvater. Vielleicht erinnern Sie sich an eine Karlsberg-Bierwerbung, deren Aussage bereits 2009 die traditionellen Familienverhältnisse auf den Kopf stellte: Da sitzen drei Männer, etwa 35 Jahre alt, Bier trinkend auf einer Parkbank, neben ihnen der Kinderwagen. Dazu die Erklärung: »Mutter schafft.«

Umstandskleidung für Männer gibt es noch nicht. Doch der Staubsaugerhersteller Dyson fasziniert mit kleinen Saugrobotern vor allem die Männer. Selbst beim Kinderwagen rücken die Männer in den Fokus der Werbespezialisten. Lamborghini-Kaffeemaschinen nehmen den Mann ins Visier, Porsche-Design weitet seine Produktpalette für Männer aus – wobei der Anstoß oft von den Frauen kommt. Schon länger ist die modern ausgestattete Küche zum Statussymbol des Mannes geworden, der es sich nicht nehmen lässt, am Abend selbst den Kochlöffel zu schwingen. Jamie Oliver lässt grüßen! All dem widerspricht es nicht, dass Bierbauch, Heimwerken oder das Herrenzimmer weiterhin ein Thema mit einem gewissen Augenzwinkern sind. Es wird anerkannt, dass Männer Rückzugsräume brauchen, um ihren Ritualen nachzugehen.

Halten wir fest: Die Werbung zeichnet ein differenziertes Bild. Männer bewegen sich auf die Familie zu, Frauen werden auch als Entscheider dargestellt. Ganz ohne Feminismus-Rhetorik verschränken sich die Eigenheiten der Geschlechter ineinander. Die Vision eines neuen Miteinanders zeichnet sich ab.

Mann und Frau: Vision eines neuen Miteinanders

Typisch was? Typisch Mann, typisch Frau … Fragt man einen Personalleiter nach den typischen Stärken von Managerinnen, ergibt sich etwa folgendes Bild: Sie sind kommunikativer als die Männer, kooperieren gerne und gut. Mehr als die Männer sind sie am Wohlergehen der Menschen interessiert, mit denen sie arbeiten. Bei Entscheidungen verstehen sie es, neben rationalen Argumenten auch Gefühle und Intuition einfließen zu lassen. Gefragt nach den Eigenschaften männlicher Führungskräfte heißt es demgegenüber, diese seien kompetitiv veranlagt, bevorzugten klare hierarchische Strukturen und achteten darauf, ihre Gefühle aus dem Spiel zu lassen.

Diese »Erfahrungen« von Personalchefs entstammen natürlich teilweise dem Denken in Schubladen. Sie entsprechen den herkömmlichen Denkschemata und blenden aus, dass es auch Frauen in Führungspositionen gibt, die männliche Qualitäten zeigen – und ebenso Männer, die weibliche Führungsqualitäten einbringen. Ins andere Extrem weist der gelegentlich vorgebrachte Appell an den Manager, ganz auf die weiblichen Vorzüge zu setzen: »Die Frau in dir kann das besser!« Soweit möchte ich nicht gehen, es wäre eine neue Schublade. Ebenso wie der gegenteilige Zugang, der sich in dem Satz widerspiegelt: »Der beste Mann bei uns im Vorstand ist eine Frau.«

Meine Überzeugung ist – und hier zitiere ich Monique Siegel, eine Grande Dame im Personalsektor –: »Wir brauchen die Ergänzung, die Vielfalt.«[58] Als Beleg für diese These verweist sie auf den Ausbruch der Finanzkrise von 2008. Der damals deutlich gewordene Zynismus, »diese absurden Wetten darauf, dass jemand verliert, diese Jagd nach immer höheren Boni«, das seien ganz klar »Auswüchse einer Monokultur« gewesen.

Es kommt also auf Diversity an, die Ergänzung durch Frauen. Monique Siegel: »Es gibt gute und schlechte Manager in beiden Geschlechtern, es gibt Zicken und Despoten. Es gibt Frauen, die andere fördern, aber auch solche, die neidisch sind: Es gibt alles, und wir müssen lernen, damit zu leben.«

Männerbefreiung – Frauenbefreiung

Das neue Miteinander bedeutet für beide Seiten, Frauen und Männer, die Befreiung aus den tradierten Rollen. Nicht Gleichmacherei ist das Thema, sondern das gegenseitige Akzeptieren von Unterschieden, durchaus auch in verschränkter Form. Es gibt genügend Fälle, bei denen die Frau den tougheren Part spielt!

Der »Kampf der Geschlechter« weicht einer gemeinsamen Evolution, also einem beidseitigen Entwicklungsprozess. Evolution ist, abstrakt gesagt, ein Prozess der Differenzierung und Integration. Die damit einhergehende Dynamik richtet sich nicht nach Beschlüssen und moralischen Appellen, sondern resultiert aus dem Verhalten aller Beteiligten – von der Organisation über die Führungskräfte bis hin natürlich zu den jeweiligen Partnern Frau und Mann. Wobei anzumerken ist, dass Evolution mäandert und nie ganz vorhersehbar ist.

Das neue Geschlechterverhältnis lässt sich als relationale Beziehung charakterisieren. Relational heißt: in Beziehung sein, das Tun des einen beeinflusst den anderen, nicht immer konfliktfrei. Mal geht X voraus, mal Y – beide bleiben aber stets in Verbindung. So können die Stärken beider Partner zusammenwirken. Genau das, was Unternehmen benötigen: Männer und Frauen führen ihre Qualitäten zusammen und entwickeln die Organisation gemeinsam, aber mit verteilten Schwerpunkten weiter. Wie sehr eine Organisation profitiert, wenn Männer und Frauen auf diese Weise zusammenwirken, lässt sich erahnen, wenn man sich im Gegensatz dazu reine Männer- oder reine Frauengruppen ansieht. Wer ein solches »Monoteam« leitet, merkt schnell, dass sich die Zusammenarbeit suboptimal gestaltet: zu viel Wiederholung des Gleichen, zu viel Uniformität im Denken und Fühlen. Auch leiden solche Gruppen an verdeckten Kämpfen der Mitglieder untereinander.

Doch es geht nicht nur um den Erfolg des Unternehmens. Das Miteinander von Frau und Mann wird auch helfen, Antworten auf die drängenden Herausforderungen unserer Zeit zu bekommen. Das Wachstumsprinzip etwa, das auf ein ständiges Immer-mehr setzt und längst an ökologische Grenzen stößt, entspringt eher einem männlichen Denken. Hier kann die mehr hegende und fürsorgliche Komponente der Frauen ein notwendiges Gegengewicht bilden. Ich bin fest überzeugt und es ist mir ein Herzensanliegen: Mit einem gedeihlichen Miteinander der Geschlechter werden wir auch zu einem gedeihlicheren Wirtschaften kommen.

Bis dahin liegt allerdings noch ein gutes Stück Weg vor uns. »Die Trennung zwischen der Welt der Familie und der Arbeitswelt hat eine innere Trennung zwischen Männlichkeit und Weiblichkeit geschaffen«[59], analysiert Gender-Expertin Elizabeth Debold. Diese »innere Trennung« stehe einem wirklichen Dialog und einer tiefen Begegnung noch immer im Wege: »Der Glaube, dass diese Polarität die richtige und wahre Beziehung zwischen Männern und Frauen zum Ausdruck bringt, ist ein enormes Hindernis für Transformation.«

Beide Seiten müssen sich bewegen, damit dieser Transformationsprozess vorankommt. Solange Frauen ihrer traditionellen Rolle verhaftet bleiben, so argumentiert Elizabeth Debold, verharren sie in einer untergeordneten Position, aus der heraus es nicht möglich ist, »frei und kraftvoll mit Männern kreativ zusammenzuarbeiten«. Ebenso müssten aber auch »Männer Qualitäten und Fähigkeiten entwickeln, die traditionell eher Frauen zugeordnet waren, wie Kindererziehung und Fürsorge«. Damit ein wirklicher Wandel möglich wird, resümiert die Gender-Expertin, »müssen unsere Herzen und unser Geist sich für etwas öffnen, das über die Gleichheit von Männern und Frauen hinausgeht«.

Appell an die Männer: Mit der neuen Eva mithalten!

Auf dem Programm stehen weder Kampfrhetorik noch irgendwelche Abwertungen. Auch nicht die künstlich herbeigeführten 50-zu-50-Prozent-Regelungen, die viel zu wenig auf die Grunddisposition der Personen achten. Im Kern geht es um etwas ganz anderes: eine neue Vereinbarkeit der Geschlechter und eine stärkere und flexiblere Verschränkung der beiden Sphären.

Moderne Frauen haben das erkannt und das Kriegsbeil längst begraben. Das belegen viele Gespräche mit Frauen, vorwiegend im Alter von 25 bis 30 Jahren. Ihnen ist es wichtig, gemeinsam mit den neuen Männern neue Wege zu gehen. Männer hingegen haben da noch Nachholbedarf. Sie rutschen allzu leicht in die Schublade des klassischen Ernährers. Wie wir gesehen haben (Kapitel 1.4), funktioniert diese Rolle immer weniger und kann in die Überforderung führen. Stattdessen sollte das Prinzip der Diversität zum Leitgedanken werden. Im privaten ebenso wie im beruflichen Bereich ist es für viele Männer an der Zeit, sich auf den Weg zu machen – um mit der neuen Eva mithalten zu können.

Beispiel: Hybrides Erfolgsmodell: Das Familienunternehmen !

Eine Organisationsform, in der die Dialektik der Geschlechter in vielen Fällen sehr gut gelöst ist, wenn auch nicht immer stressfrei, sind Familienunternehmen; und dies bei sehr unterschiedlichen Größenordnungen, vom kleinen Handwerksbetrieb bis zum Weltkonzern. Familienunternehmen kommen ohne Quotenregelungen aus und haben zunehmend auch Frauen an der Spitze. Woran mag dieser fortschrittliche Umgang mit den Geschlechtern liegen? Sicher am stets mitlaufenden Thema der Erzeugung eines biologischen Nachfolgers. Da hat die Frau einen anderen Stand – ohne Frau kein Nachfolger oder keine Nachfolgerin. Vielleicht liegt es auch an einem häufig komplementären Frau-Mann-Verhältnis, das weit in die betriebliche Sphäre hineinreicht? An tüchtigen Frauen mit Unternehmergeist? Kurzum: Es geht!

Anstöße: Lassen Sie sich irritieren!

Ein junger, ehrgeiziger Anwalt, aussichtsreiche Nachwuchskraft einer Kanzlei, signalisiert seinem Arbeitgeber, dass er gerne seinen Anspruch auf Elternzeit wahrnehmen möchte. Die prompte Reaktion der Chefs: »Wenn Sie das machen, werden Sie in unserer Kanzlei niemals Partner werden.«

Das ist Old School, keine Frage. Nur: Diese Fälle gibt es, und sie sind gar nicht so selten. Im Alltag der meisten Unternehmen lassen die Verhältnisse noch zu wünschen übrig, noch dominiert die heilige Ordnung der Männer. Bei gleicher Tätigkeit, Ausbildung und Erfahrung erhalten viele Frauen weniger Gehalt. Die politische Diskussion über die Frauenquote zeigt Anflüge von Geschlechterkampf, Worthülsen werden ausgetauscht, der Sarkasmus bei Männern ist oft nicht zu überhören.

Keine Frage: Es gibt Nachholbedarf, auch viele Irrungen und Wirrungen. Frauen seien die besseren Männer in der Führung, hört man in neuerer Zeit öfter. Übernehmen nach der Ära des Patriarchats nun die Frauen die Macht? Wie das aussähe, machen einige Problemstaaten in Afrika vor. Wählte man das Matriarchat zum Leitmotiv einer Weltkonstruktion, würde es schwierig. Ebenso wenig führt der Gedanke weiter, die Zukunft der Führung sei weiblich. Alles Einseitigkeiten, alles Irrwege!

Die Probleme unserer Zeit drängen – »Umweltzerstörung, festgefahrene ökonomische Systeme, die wachsende Schere zwischen Arm und Reich, die Instabilität durch Terrorismus, Migration, der Zusammenstoß verschiedener Weltsichten und Komplexität der Moderne«[60]. Zu Recht heißt es, ein Großteil dieser Probleme sei Folge einer außer Kontrolle geratenen Männlichkeit. Stellt sich also die Frage: Was können wir tun, jeden Tag, im konkreten Manageralltag? Welche Anstöße können wir geben, damit das System sich ändert und wir zu einem wirklichen Dialog von Mann und Frau, zu einer tiefen Begegnung auf Augenhöhe kommen?

Nun, ein System braucht bekanntlich Irritation, damit eine Veränderungsdynamik entsteht. Das wissen wir aus der Systemtheorie. Außerdem ist eine kritische Masse erforderlich, damit sich die Verhältnisse ändern. Die kritische Schwelle liegt bei etwa 30 Prozent. Das heißt: Besteht ein Team oder ein Unternehmen aus 30 Prozent modern denkender Frauen und Männer, lässt sich die neue Richtung durchsetzen – der große Rest wird nachfolgen. Lassen Sie sich also irritieren!

Anregungen für Männer

- Lassen Sie sich irritieren von den Unterschiedlichkeiten in Ihrem Führungsteam, insbesondere von den Frauen. Lassen Sie sich irritieren von Frauen, die nicht den härteren Mann abgeben, sondern ihren eigenen Stil haben, meist zielstrebig und effizient an der Sache orientiert. Oft auch mit Charme.

- Lassen Sie sich irritieren in einem offenen Gespräch mit Ihrer Frau und Partnerin, um neue, kreative Arrangements für Erziehung, Haushalt und Beruf zu finden, ein Modell Arbeit-Familie 4.0. Das geht!
- Lassen Sie sich irritieren auf einer Reise nach Skandinavien. Dort ist man schon viel weiter und geht wesentlich unverkrampfter mit dem Thema um. Vermutlich wird auch Ihr Unternehmen seine Strukturen stärker »skandinavisieren« müssen, um weiter attraktiv zu bleiben. Irritieren Sie nach der Rückkehr von der Reise Ihre Kollegen mit Ihren Fundstücken.

Lassen Sie sich nicht irritieren, wenn Sie nunmehr in Ihrer Rolle als Mann und Vordenker Ihr Umfeld irritieren!

Anregungen für Frauen

- Lassen Sie sich irritieren, dass auch Männer in Ihren traditionell weiblichen Sphären Ansprüche stellen, zum Beispiel nach gleichwertiger Teilhabe an der Erziehung.
- Lassen Sie sich irritieren von der Beharrlichkeit der traditionellen Männerbünde. Vertrauen Sie jedoch darauf, dass Zeit und Verbündete Ihnen helfen.
- Lassen Sie sich irritieren von den Unterschieden – denn dort liegt die Stärke, nicht in der Kopie.

Lassen Sie sich jedoch nicht irritieren in Ihrem Bemühen, eine familienfreundlichere Kultur zu schaffen und die Führungskultur im Unternehmen weiterzuentwickeln. Lassen Sie sich auch nicht davon irritieren, dass gemeinsame Erfolge weiterhin den Männern zugeschrieben werden. Stellen Sie aber Ihr Licht nicht unter den Scheffel.

Anregungen für Frauen und Männer

- Beobachten Sie das Verhalten in den Gremien (Vorstandssitzungen, Projektgruppen, Bereichs-, Abteilungsleitersitzungen): Handelt es sich um gemischte Gruppen oder um »Monokulturen« (nur Frauen oder nur Männer)? Welche Vor- und Nachteile lassen sich feststellen?
- Beobachten Sie sich selbst: Wie kommunizieren Sie mit Frauen, wie mit Männern? Wie reagieren Sie auf Fehler? Auf Lob und Kritik? Auf Vorschläge? Welche Gedanken und Empfindungen werden dabei ausgelöst?

- Stellen Sie sich vor, heute Nacht kommt eine gute oder böse Fee und wandelt Ihr Geschlecht um. Ab morgen gehen Sie als Mann beziehungsweise Frau zur Arbeit. Was verändern Sie? Wie verhalten Sie sich, wie reagieren die anderen?

Anregungen für Ihr persönliches Tagebuch

- Welche Frauen- beziehungsweise Männerbilder haben mich in meiner Herkunft geprägt? Waren es eher starke Frauen? Starke Männer?
- Wie waren meine Ablösungsprozesse? Wie war das Rollenzusammenspiel in meiner Herkunftsfamilie? Meine Sehnsuchtsbilder?
- Was verehre ich? Verehrung hört sich edel an, bringt aber auch stets ein Stück Distanz mit sich. Wer etwa als Mann Frauen gegenüber Verehrung empfindet, tut sich schwer, auf Augenhöhe zu sein.
- Was wurde idealisiert, was abgewertet? Wo gibt es neue Bilder? Die Bewertung wird natürlich unterschiedlich sein, je nachdem, ob Sie Frau oder Mann sind.

Tragen Sie also Irritation in Ihre Organisation. Das macht die Dinge zwar erst einmal nicht einfacher, denn der Preis für die Irritation ist bekanntlich eine Zunahme an Komplexität. Möchten Sie aber erreichen, dass Frauen und Männer künftig produktiv zusammenwirken und die Chancen nutzen, die sich aus den Unterschieden ergeben, gibt es nur diesen Weg: Brechen Sie aus den festgefahrenen Denkschablonen aus, irritieren Sie!

3.3 Möglichkeit Mann

Männer
Herbert Grönemeyer 2010

Schneeketten aufziehen, nachts um drei, am zugeschneiten Julierpaß.
Die Gesetze des feinen Restaurants kennen:
Wie bringt man die Frau an den Tisch,
was soll das kleine Hämmerchen neben dem Teller?
In einem Computer den verschwundenen Text zurückholen,
ganz selbstverständlich.
Die dritte Fremdsprache sprechen.
Den Lastwagenführerschein haben.
Bei einem Kabel den Nullleiter erkennen und wissen,
was man damit macht.
Andreas Lebert und Stephan Lebert

Hätte eine Frau das Automobil erfinden können? Die Antwort, zu der ein Beitrag in der Süddeutschen Zeitung kommt, lautet: »Ja, in einem anderen gesellschaftlichen Umfeld[61].« Die meisten Innovationen stammen zwar von Männern, aber eben nur, weil Frauen aus strukturellen und kulturellen Gründen nicht gleichberechtigt mitziehen können. Innovationen seien keineswegs eine Domäne der Männer, resümieren die Autorinnen des Artikels – und räumen so mit einer der wichtigsten Bastionen der männlichen Welt auf.

Ist der Mann also ein Auslaufmodell? Nein, wie wir gesehen haben, wird er gebraucht: Sein Part ist gefragt, damit Mann und Frau auf Augenhöhe zueinanderfinden und produktiv zusammenwirken. Unbestritten ist ja, dass Diversität einen Innovationsprozess kreativer und erfolgreicher macht. Wie hätte das erste Automobil wohl ausgesehen, wenn es von einem Mann und einer Frau gemeinsam entwickelt worden wäre?

Bei den folgenden Abschnitten möchte ich die Leserinnen um etwas Geduld und Nachsicht bitten. Meine Gedanken und Beschreibungen beziehen sich hier auf den Mann, der sich vielleicht doch etwas schwerer tut bei der Reise nach innen – auf den Mann, der sich häufig in konservativen Rollenvorstellungen und Restriktionen gefangen sieht. Auch auf den Mann, der das Buch bis hierher gelesen hat und sich einiges Kritische anhören musste.

Den Manager in seiner Rolle als Mann zu thematisieren, war bis vor kurzem kaum möglich – schlicht deshalb, weil Führungsthemen geschlechtsneutral behandelt wurden. Wer als Mann »Mann« sagte, meinte eigentlich sich selbst und machte sich damit zum eigenen blinden Fleck. Erst die Frauen und eine Vielzahl an Veröffentlichungen zum Thema Frauen und Gender haben eine neue Sichtweise eingebracht und damit die Situation verändert. Denn nur wenn eine Differenz besteht, lässt sich darüber sprechen.

Die gute Nachricht lautet: Der Mann wird nicht nur gebraucht, sondern ist den Anforderungen der Next Society mit all ihren Unwägbarkeiten und disruptiven Überraschungen besser gewachsen, als er selbst ahnt. Das Auto hätte zwar eine Frau erfinden können, unbestritten ist aber auch, dass gerade die disruptiven Innovationen vorwiegend von Männern angestoßen werden. Offensichtlich ist dieser Drang zum Expansiven und produktiv Zerstörerischen eher eine männliche Eigenschaft.

Allerdings lässt sich gerade bei den kalifornischen Technologieunternehmen auch beobachten, dass die Co-Chefs und Hauptmanager mittlerweile häufig Frauen sind. Ab einer bestimmten Entwicklungsphase des Unternehmens eignen sie sich offenbar besser für die Gesamtführung. Provokativ gesagt: Sie sind den großen Jungs an die Seite gestellt worden, damit diese nicht zu viel Blödsinn machen.

Männer mit Eigenschaften

Es gibt Dinge, die Männer besonders gut können – und dazu zählt nicht nur das Rückwärtseinparken. Die folgenden fünf Kurzporträts spiegeln ganz unterschiedliche Managertypen wider, deren Eigenschaften sich als »typisch Mann« bezeichnen lassen. Damit möchte ich keine Einordnung in Schubladen vornehmen, sondern Tendenzen verdeutlichen, in denen sich typisch männliche Dispositionen zeigen.

Das Kind im Manne

Außenstehende halten es für Spinnerei, was dort in der Entwicklungsabteilung getrieben wird. Der Leiter der Abteilung ist promovierter Ingenieur. Kreativ, ein origineller Denker. Ein Daniel Düsentrieb. Ständig in Bewegung. Immer neue Versuche und Experimente, ein einziges Vorwärtstasten. Mit wachem, unverstelltem Blick geht er ein Thema an. Assoziationen, Querbezüge und unerwartete Fragen sind sein Denkwerkzeug. Die Mitarbeiter mögen sein jungenhaft-verschmitztes Lächeln, das vermuten lässt, dass er sich einen gewissen Sinn für Blödsinn bewahrt hat. Das Kind im Manne! Unerwartetes bereitet ihm Freude, Leichtigkeit paart sich mit Ernsthaftigkeit. Er ist kein Machttyp, sondern jemand, der macht. Viele unterschätzen ihn.

Das Kind im Manne ist ein Ausdruck, der auf Friedrich Nietzsche zurückgeht. Er schreibt in »Also sprach Zarathustra« (1883): »Im echten Manne ist ein Kind versteckt: das will spielen.« Eine Eigenschaft, die in der Next Society enorm wichtig ist. In einer von Wissen und Kreativität abhängigen Ökonomie braucht es diesen unverdorbenen Schöpfergeist. Männer, die sich das Kind im Manne bewahrt haben, verfügen über eine Eigenschaft, die jung hält. Es gibt viele Beispiele erfolgreicher Persönlichkeiten, die bis ins hohe Alter kreativ und schöpferisch tätig sind. Vertreter dieses Typs findet man oft bei Architekten, auch Regisseuren – bei Menschen, die viel geistig arbeiten.

Die Disposition »Kind im Mann« stößt allerdings an Grenzen, wenn es um Führungsverantwortung geht. Im Vordergrund stehen das Tüftlerische und Spielerische, also die inhaltliche Herausforderung. In Führungspositionen benötigt dieser Managertyp daher ein komplementäres Umfeld, das ihm die Management- und Führungsaufgaben weitgehend abnimmt.

Der Risikobereite

Elon Musk könnte sein Vorbild sein. Aber wer misst sich schon an jemandem, der zwei Jahre jünger ist? Wie der Tesla-Gründer bewegt er sich in der Welt der Technologie, der Sprünge und Umstiege. Er geht Risiken ein. Damit es den Anschluss an die digitale Revolution findet, hat er sein Unternehmen neu ausgerichtet. Ein Umsteuern mit begrenzten Ressourcen. Er weiß, was er damit riskiert – für die Zukunft des Unternehmens, auch für seine persönliche Zukunft. Weder laute Worte noch technische Besserwisserei liegen ihm. Auch

der große Auftritt ist seine Sache nicht. Zusammenhalt und Teamgeist sind ihm wichtig. Er hört zu, beobachtet, analysiert. Und gibt die klare Botschaft: Das ist der Weg!
Die Worker am Band sagen: toller Typ, menschlich cool. Seine Weggefährten attestieren ihm, er habe die Ruhe weg: Selbst in kritischen Sitzungen lässt er geduldig alle Argumente vortragen, auch die, die er später verwerfen wird. Erst dann bezieht er selbst Stellung, klug und bestimmt.

Risikobereitschaft, gepaart mit gesundem Selbstbewusstsein, bereits sozialisiert mit den digitalen Medien, dazu eine zielgerichtete Motivation – für Innovationen und den Aufbruch in die Next Society sind das keine schlechten Voraussetzungen. Hinzu kommen die Fähigkeit, Widersprüche auszuhalten, Beziehungen aufzubauen und Verbündete zu suchen, ruhig zu denken und entschlossen zu handeln. All das sind Eigenschaften, die vielen Männern mitgegeben sind.

Der Genaue
Er liebt Uhren, besonders von Jaeger-LeCoultre. Zurückhaltend klassisches Design, Chrom und Stahl. Und: Präzision in höchster Form. Präzision – diese Eigenschaft zeichnet ihn aus, als Führungskraft und Entwicklungsleiter. Eine Stärke, auf die er stolz ist. Gerade auch angesichts der zahlreichen konträren oder schwammigen Managementkonzepte, die ihm seine Kollegen zutragen. Genauigkeit heißt für ihn auch, Widerstände überwinden und lebendig sein. Nein, er ist kein Pedant, er ist genau! Genauigkeit, so wie er sie versteht, ist so ziemlich das Gegenteil von Stehenbleiben und Routine. Wenn am Ende des Produktionsprozesses diese für einen Laien unfassbare Maschine ausgeliefert wird, weiß er: „Ich bin das erste Glied in der schier unglaublichen Präzisionskette." Er hat dann fast Tränen in den Augen, denn für ihn geht ein Traum in Erfüllung.
Genauigkeit heißt Dranbleiben, Widerstände überwinden, etwas aufbauen, sich dabei aber nicht verlieren. Er arbeitet präzise nach der Ingenieurmethode: in Einzelteile zerlegen, sortieren, analysieren, erkennen, eine Lösung finden. Steht die Lösung, gibt es kein Zaudern und kein Zurück mehr. Er geht in seiner Arbeit auf, ruht in sich. Der Manageralltag, all das Besprechen und Quasseln, liegt in weiter Ferne. Er konzentriert sich auf sein Vorhaben. Dranbleiben, Widerstände überwinden, das Werk realisieren. Präzision in höchster Form.

Derart in der Sache aufgehen können – auch das ist eine wertvolle Disposition. Sicher: Dieser Typus eignet sich weniger für Führungsaufgaben auf Top-Ebene. Er arbeitet lieber inhaltlich. Müsste er vorwiegend führen und managen, wäre er schnell unzufrieden. Doch mit einem Team von Leuten, die er anleitet und mit denen er inhaltlich zusammenarbeitet, kann er Großes leisten.

Der robuste Stehaufmann

Er hatte das Unternehmen von Null aufgebaut, stellte hunderte von Mitarbeitern ein. In zwei Jahrzehnten. Vor einigen Jahren noch, einer Boomzeit der Branche, hätte er sein Unternehmen für einige 100 Millionen Euro verkaufen können. Sein Statement damals: „Das können wir immer noch. Wir hatten am Anfang nichts, dann haben wir halt wieder weniger." Die Krise kam. Weltweit brach die Nachfrage um 50 Prozent ein, und das drei Jahre lang. Zwei Entlassungswellen, doch die Lage verschlimmerte sich. Verhandlungen mit den Banken, um die Gehälter der Mitarbeiter ein letztes Mal zu sichern. Insolvenz.

Ihm war es ein Anliegen, das Ende des Unternehmens mit Anstand abzuwickeln. Seine Familie stand hinter ihm. Während der Krisenjahre blieb er stets gelassen, mit Humor und Menschlichkeit. Angst machten sich andere um ihn, um seine Gesundheit. Doch die empfohlene Auszeit in der Klinik war nicht seine Sache. Stattdessen fuhr er alleine mit dem Fahrrad an die Atlantikküste. Dort angekommen, warf er die letzte Kaffeetasse mit Firmenlogo ins Meer.

Dieser Unternehmer hat keine Heldenrolle gespielt, aber er zeigte Festigkeit. Ihn zeichnet eine hohe Frustrationstoleranz aus, wie es Psychologen ausdrücken würden. Die Niederlage traf ihn mit voller Wucht, doch er managte sie mit Anstand und Menschlichkeit, ohne dabei selbst zugrunde zu gehen. Mit einem Ritual hat er sich endgültig von seiner Firma verabschiedet. Nun ist er bereit, etwas Neues anzufangen. Derzeit schaut er sich um. Eine Neugründung, vielleicht als Social Entrepreneur?

Der abgeklärte Weise

Wer ihn nicht kennt, unterschätzt ihn. Athletische Figur, angegraute Haare, ein Lächeln zwischen Charme und Verschmitztheit. Seit fünf Jahren leitet er ein großes Familienunternehmen. Die Eigner haben ihn als Manager geholt und vertrauen ihm. Die erste Zeit im Unternehmen war nicht einfach. „Ein

Mann der alten Schule", dachten viele. Und täuschten sich: Er erkannte, dass die Firma sich erneuern musste – organisatorisch und technologisch. Widerstände waren vorprogrammiert, doch er hat das Unternehmen erfolgreich umgesteuert.
Er meidet das Rampenlicht, bewegt sich aber ständig in verschiedenen Welten. Er lotet aus, spricht, moderiert – und entscheidet. Meist glasklar. Mitarbeiter und Betriebsrat achten ihn, auch wenn Entscheidungen manchmal wehtun. Er fördert die Junioren der Eignerfamilie, die ihm einmal nachfolgen sollen. Und privat? Er hält sich bedeckt. Wäre interessant ...

Als »abgeklärten Weisen« könnte man diesen Managertyp beschreiben. Auch seine Eigenschaften zählen viel in der Next Society. Während es den Helden alten Schlags dazu drängt, sich für alle sichtbar als Retter in Szene zu setzen, zeichnet sich der Weise dadurch aus, dass er zurückhaltend, einfühlsam, abwägend und flexibel handelt. Er hat ein Gespür für die unterschiedlichen Spannungs- und Kräftefelder, die ein Unternehmen und sein Umfeld beherrschen – und er versteht es, mit diesen Gruppen- und Systemdynamiken umzugehen. So kann er durchsetzen, was er für notwendig und richtig hält.

Dem abgeklärten Weisen geht es um die Sache, nicht um persönliche Interessen oder Befindlichkeiten. Deshalb nimmt er es in Kauf, auch einmal nicht gemocht zu werden. Er agiert wie ein kluger und entscheidungsfreudiger Trainer einer aufstiegswilligen Fußballmannschaft, der seine Spieler fordert, überzeugt und fit macht. Er weiß: Nur sie können das Spiel gewinnen, aber er ist für die Strategie verantwortlich.

Männerhorizonte

Experimentierfreude, Kreativität, das Kind im Manne, aber auch Risikobereitschaft, Zielstrebigkeit, Selbstbewusstsein bis hin zur abgeklärten Weisheit: Es gibt eine Reihe typisch männlicher Qualitäten, die für den unternehmerischen Erfolg essenziell sind. Forschergeist und Spieltrieb sind erforderlich, um Veränderungen in Gang zu setzen. Das Verrücken von Grenzen und das produktiv Zerstörerische – auch das sind eher männliche Eigenschaften, die in Zeiten disruptiver Innovationen benötigt werden.

Die Schlussfolgerung lautet also: Als Mann und Führungskraft wäre es ein Fehler, danach zu trachten, die bessere Frau zu werden. Lassen Sie sich nicht verunsichern von Parolen, die nach der Frau im Manne rufen. Setzen Sie sich stattdessen mit den positiven Seiten des Männlichseins auseinander. Wenn Sie dann feststellen, dass Sie über typisch männliche Qualitäten verfügen: Stehen Sie dazu – und bringen Sie diese Stärken in das Miteinander im Team ein. Die Next Society braucht gerade auch diese Eigenschaften.

3.4 Mut, auch zum Scheitern

Wird schon schiefgehen
Populäre Redensart

»Was kann man eigentlich alles erforschen?« Amelie, meine damals siebenjährige Tochter, fragte mich das während eines gemeinsamen Ausflugs. Das Thema interessierte sie und wir kamen darauf, dass beim Forschen immer etwas schiefgehen kann. »Da braucht es aber Mut, wenn man Forscher wird!«, meinte sie. Nach kurzem Nachdenken fügte sie hinzu: »Man kann auch ruhig Mut haben, man weiß ja eh nicht genau, was passiert.« Ein Vater-Tochter-Gespräch, bei dem herauskam: Für Neues braucht es Mut, weil man dabei auch scheitern kann.

Offen gesagt: neues Gelände erforschen, Wege ins Ungewisse gehen, immer verbunden mit Umwegen, Abwegen und der Gefahr, abzustürzen – das finde ich faszinierend. In einigen Lebenslagen musste ich selbst erkennen, dass das, was bisher gefragt war, nicht mehr trägt. Was machen? In relativer Sicherheit verharren – oder den Sprung wagen. Manchmal heißt es auch, zwischen Pest und Cholera abzuwägen. So ist das wirkliche Leben ...

Mut verlangt auch der Aufbruch in die Next Society. Denn Ihrem Unternehmen, aber Ihnen persönlich steht damit eine Abenteuerreise mit ungewissem Ausgang bevor. Scheitern nicht ausgeschlossen.

Was ist Mut?

Mut heißt nicht, keine Angst zu haben. Der Mutige weiß um seine Ängste. Mut heißt, trotz möglicher Ängste oder eines Unbehagens ins Unbekannte aufzubrechen. Damit verbunden ist immer ein Verzicht auf Sicherheit. Gehen wir noch etwas tiefer. In Anlehnung an den Psychologen Andreas Dick[62] gibt es fünf Merkmale, die Mut ausmachen:

- **Risk-Taking**
  Mut ist mit einer Gefahr verbunden, die man auf sich nehmen muss – mit einem Risiko oder auch einer Widerwärtigkeit. Mut bedeutet damit Verzicht auf Sicherheit und Risk-Taking jenseits der Komfortzone. Im

Bild des Bergsteigers: Er muss das Seil loslassen, wohl wissend, dass er abstürzen kann.

- **Klugheit**
  Mut beinhaltet Klugheit und Besonnenheit hinsichtlich der Gefahren und ihrer möglichen Folgen. Dazu gehören Abwägen, auch Intuition und Weitblick, um zu erkennen, was zu tun in einem bestimmten Moment richtig oder falsch ist. Wer etwa mit 150 Stundenkilometern über die Landstraße rast, handelt hochriskant – mit Mut hat das aber nichts zu tun.
- **Aussicht auf ein gutes Ende**
  Ein Merkmal von Mut ist die Zuversicht auf den sinnvollen Ausgang des Vorhabens. Das setzt ein gewisses Grundvertrauen ins Leben und Selbstvertrauen in die eigene Wirksamkeit voraus, aber auch den verantwortungsvollen Umgang mit Gefahr und Risiko. Ein von vornherein hoffnungsloses Vorhaben anzugehen, lässt sich mit Mut nicht vereinbaren.
- **Freier Wille**
  Es braucht den freien Willen als Basis des Entschlusses. Wir können entscheiden, ob wir das Wagnis eingehen oder es bleiben lassen. Wenn ein Soldat in den Krieg geschickt wird, ist das gefährlich, hat aber mit Mut wenig zu tun, denn er wird dahin befohlen.
- **Motiv**
  Mut braucht ein Motiv, ist auf ein höheres Ziel gerichtet. Der Einsatz erfolgt unter ethischen Aspekten oder beruht auf einem Motiv wie Hingabe oder Liebe. Damit grenzt er sich von Hasardeurtum, Dreistigkeit oder Ähnlichem ab.

Mut ist also weit mehr als eine kühne Tat, um zu imponieren oder »cool rüberzukommen«, wie das bei Extremsportarten gerne demonstriert wird. Anders als es die mediale Inszenierung von Helden der verschiedensten Art – von Sportlern, Popstars, aber auch Managern – glauben machen will, ist wahrer Mut leise. Er beinhaltet, ein Stück über sich selbst hinauszuwachsen, mit Herz und Verstand. Mut ist damit Schrittmacher für weitere Tugenden wie Durchhaltewillen, Vitalität, Integrität und Standhaftigkeit.

Nur durch Mut können unsere Ideale und Ziele Wirklichkeit werden. Mit Mut ist es möglich, uns aus Angst und Abhängigkeit zu befreien, existenzielle

Krisen zu bewältigen und an unsere Träume zu glauben. Mut gibt die Kraft, das für uns und für die Organisation Richtige zu tun. Wie der Volksmund sagt: »Mut versetzt Berge.«

Mut-Kalküle

Wenn Mut Berge versetzt, kann er auch die Kraft geben, an der Schwelle zur Next Society den Absprung zu riskieren. Das tun viele Entrepreneure, den meisten Managern fällt es jedoch schwer, mutig zu sein. Im Alltag halten jede Menge Bedenken und Ausreden dafür her, ein Wagnis hinauszuschieben. Was lässt sich dem entgegenhalten? Im Folgenden gehen wir auf einige Argumente ein, die gerne angeführt werden, wo eigentlich Mut gefordert wäre.

»Mut ist gefährlich«

These
»Mut ist gefährlich. Wenn ich mutig handle, exponiere ich mich – und das ist riskant. In unserem Unternehmen ist es besser, sich an die etablierten Wege zu halten und an bewährten Mustern festzuhalten, anstatt sich aus dem Fenster zu lehnen.«

Gegenrede
Es stimmt, Mut kann gefährlich sein. Ob Sie mutig sind und das damit verbundene Risiko eingehen, ist eine Angelegenheit des klugen Rechnens und Abwägens, der Wahrscheinlichkeiten und Einschätzungen. Der mögliche Gewinn sollte größer sein als die Gefahr. Auch gute Unternehmer haben ein zwiespältiges Verhältnis zum Risiko: Sie gehen Risiken ein, die sie sich leisten können, und bevorzugen Vorhaben, die reversibel sind und sich auch abbrechen lassen. Hingegen meiden sie Risiken, die ihre Existenz gefährden.

Allerdings gibt es Situationen, in denen es viel riskanter ist, keine Risiken einzugehen. Wenn zum Beispiel Ihr Unternehmen seine Produkte nicht erneuert, hat es bald ein veraltetes Portfolio und ist nicht mehr konkurrenzfähig. Das Feld der Erneuerung und Innovation, der Transformation in die Next Society braucht mutige Entscheidungen – auch wenn es gefährlich ist.

»Mut birgt die Möglichkeit des Scheiterns«

These

»Wenn ich mutig handle, kann ich auch scheitern. Das gefällt mir nicht – das möchte ich vermeiden.«

Gegenrede

Der Kopf sagt: Klar, Scheitern ist immer möglich. Aber: »An Niederlagen wächst man«, wie es landläufig so schön heißt, und auch die vielen Buchtitel bis hin zu kompletten Kongressen zum Thema suggerieren, Scheitern ist das Normalste der Welt. Trotzdem: Scheitern ist Mist. Es tut weh, fühlt sich peinlich an und macht unsicher. Es prägt sich tief ein, allen Redens zum Trotz.

Schlimmer noch: Scheitern ist sozial ausgrenzend – im Unterschied zu den USA, wo das Scheitern kein Makel ist, sondern als eine Chance zur Verbesserung gesehen wird. Während dort Scheitern etwas Selbstverständliches, zum Unternehmertum Dazugehörendes ist, sehen in Deutschland viele Menschen darin etwas Schlechtes und Endgültiges. Ökonomisches Scheitern gilt als moralisches Versagen. Scheitern sei zwar eine anthropologische Konstante, beobachtet der Historiker Werner Plumpe, in unserer Kultur werde diese jedoch weitgehend ausgeblendet.

Vor diesem Hintergrund ist es einerseits sicher richtig, die Risiken zu kennen und mit gebotener Vorsicht zu agieren. Auch ist es sinnvoll, nicht alles auf eine Karte zu setzen. Andererseits sagt der Volksmund auch: Wer nicht wagt, der nicht gewinnt. Zu bedenken ist ebenfalls, dass Menschen, die schon einmal gescheitert sind und die Krise erfolgreich gemeistert haben, mit sich und ihrem Leben meist zufriedener sind als jene, die nie den Mut aufgebracht haben, ein Risiko einzugehen.

Was es braucht, ist eine andere Haltung. Im Umgang mit Scheitern sollten wir die Moral außen vor lassen – und nicht, wie in der Praxis häufig zu beobachten, Scheitern als moralisches Versagen ansehen. Es ist ein Unterschied festzustellen, »Ich bin gescheitert« oder »Ich bin ein Versager.«

- Schauen Sie den Spiegel: Sie haben etwas gewagt, im Scheitern Größe gezeigt. Innerlich sagen Sie zu sich: »Ihr werdet mich nicht zerstören!«

Äußerlich bewahren Sie den aufrechten Gang. Es kann aber auch sein, dass Sie abbrechen, wenn es angebracht erscheint – steigen Sie vom toten Pferd! Achten Sie darauf, nicht in die Position eines Opfers zu geraten, verweigern Sie die Opferrolle. Ausstieg, Umstieg, Weiterkommen, Neuanfang – darin liegt die Kunst des Scheiterns. Es muss ja nicht gleich wie im Silicon Valley sein, wo Scheitern als besondere Lebensform gilt.
- Für die Organisation heißt das: Scheitern wird zur Lernquelle. Die Gründe für den Misserfolg lassen sich auswerten, um das nächste Projekt klüger anzugehen. Als Motto lässt sich hier Tom Peters Aufforderung anführen: »Mach mehr Fehler und mach sie schneller, denn woraus sonst willst du etwas lernen?« Die Haltung ist vergleichbar mit dem Trial and Error in der Wissenschaft: Wenn ein Versuch missglückt, hat man einen Fehler gemacht – doch die daran beteiligten Wissenschaftler sind deswegen keine Versager.

Scheitern ist also verkraftbar und kann sogar positiv wirken, sofern man sich klarmacht: Ich selbst bin deswegen kein Versager – und meine Organisation kann daraus lernen.

»Ich bin lieber auf der sicheren Seite«

These

»Ich bin vom Typ her nicht der mutige Manager. Ich arbeite präzise und suche stets die beste Lösung. Mutige erlebe ich als risikofreudige Draufgänger, die das Abenteuer lieben und die Herausforderung suchen. Das ist nicht meine Welt, da bin ich lieber auf der sicheren Seite.«

Gegenrede

Vorsicht, das könnte ein arges Zerrbild sein. Es geht nicht darum, in die Fußstapfen risikofreudiger Draufgänger zu treten. Wer bisher eher auf Sicherheit bedacht war, dem bietet gerade die heutige Zeit gute Gelegenheiten, sich aus der Komfortzone herauszubewegen. Nicht um ein Abenteuer zu bestehen, sondern um die tatsächlich beste Lösung zu finden. Manchmal erhält man die beste Lösung nicht, indem man präzise arbeitet und auf der sicheren Seite bleibt, sondern indem man zulässt, auch zu scheitern. Es gibt eine Korrelation zwischen Scheitern und originellen Ideen.

»Mut ist letztlich Angeberei«

These
»Mutige Menschen wollen sich hervortun, heischen nach Anerkennung und Aufmerksamkeit. Mut erinnert mich an der Geschichte jenes Mannes, der sich von einem Wolkenkratzer stürzt und meint, während er am 20. Stock vorbeifällt, bisher sei alles gut gegangen. Das ist Angeberei, so etwas brauche ich nicht.«

Gegenrede
Selbstverständlich: Diese Draufgänger gibt es, in der Presse liest man häufig von ihnen. Allzu oft verbirgt sich hinter ihren Aktionen die Angst vor Schwäche. Typisch sind auch Handlungen, die nur den Schein des Guten erwecken, in Wirklichkeit aber keine Opfer erfordern. Mut soll hier als Mittel herhalten, um sein Image zu polieren.

Das alles hat jedoch nichts mit Mut zu tun, wie wir den Begriff definieren. Zu wahrem Mut gehört die Bereitschaft, sich seinem Vorhaben mit Herz und Verstand hinzugeben, es auch mit Klugheit und Besonnenheit anzugehen. So verstanden verhilft Mut einer Führungskraft zu Glaubwürdigkeit und Respekt. Im Nachhinein können dann auch Anerkennung, manchmal sogar Bewunderung entstehen.

»Mut passt nicht mehr in die heutige Zeit«

These
»Mut ist ein Überbleibsel aus der Zeit der Helden, den brauchen wir nicht mehr. Erfolg sichern wir heute nicht mehr auf dem Schlachtfeld, sondern durch Systeme und Datenintelligenz.«

Gegenrede
Ein Trugschluss. Gerade heute braucht es Mut – den Mut, um alte Strukturen aufzubrechen und Gestaltungsräume zu schaffen, um das Unternehmen gegen Widerstände zur agilen Organisation umzubauen, um im Führungsteam eine offene, auf Vielfalt setzende Kultur zu schaffen. Die Liste ließe sich noch lange fortsetzen! Führen heißt gerade jetzt: mutig vorausgehen, neue Wege beschreiten.

Mut erfordert auch, wie wir in Kapitel 3.2 gesehen haben, die »Heldenreise nach innen«. Die eigenen toten Winkel ausleuchten und sich auf den persönlichen Aufbruch in die Next Society vorbereiten: Das gelingt nicht durch Verharren in der Behaglichkeit oder die Flucht vor dem eigenen Schatten. Da hilft nur Mut.

»Ein Scheitern können wir uns nicht leisten«

These

»Die Sache ist zu ernst. Ein Scheitern können wir uns hier nicht leisten.«

Gegenrede

Diesem Argument liegt in den allermeisten Fällen ein Trugschluss zugrunde. Vielleicht kommt er daher, dass der Begriff des Scheiterns aus dem Milieu der Seefahrer stammt. Hier bedeutet Scheitern den Totalverlust: Ein Schiff, das scheitert, geht mitsamt seiner Mannschaft unter. Es hinterlässt Splitter und ein paar Holzplanken, die auf dem Meer treiben. Diese Bilder drängen sich beim Begriff Scheitern auf. Schiffbruch erleiden – das ist die gängige Metapher für Scheitern.

So lässt sich nachvollziehen, dass Führungskräften bei schwerwiegenden Entscheidungen der Mut verlässt. Sie fürchten das Unbekannte, haben Angst vor dem Scheitern – und verbinden damit eine existenzielle Situation. Sie stellen sich das Schlimmste vor, den totalen Absturz. Ihre mentale Programmierung führt dazu, dass sie Scheitern immer mit 100 Scheitern gleichsetzen. Es gelingt ihnen nicht, sich mittlere oder auch ganz andere Ausgänge vorzustellen. Mark Twain hat einmal notiert: »The worst things in my life never happened.«

Der Appell lautet also: Das Risiko nüchtern kalkulieren – und Scheitern nicht gleich mit Untergang gleichsetzen!

»Ich warte noch ab«

These

»Ich stecke in einer Zwickmühle und habe keine Optionen mehr. Dennoch warte ich ab. Mir fehlt der Mut.«

Gegenrede

Wir gestehen uns in einer bestimmten Situation ein, dass wir keine Wahl haben – und handeln so, als könnten wir abwarten, bis wir eine Wahl haben. Nur: »Keine Wahl haben« ist in diesem Fall eine Umschreibung für: »Ich habe keine Wahl, die ich treffen will.« Wir haben also eine Wahl, aber eben nicht die, die wir wollen. Das versetzt uns unter Druck und Stress.

Klar: Wir hätten gerne die Wahl, zu tun, was wir wollen, und nicht zu tun, was wir nicht wollen. Ohne für unsere Wahl die Konsequenzen zu tragen und den Preis zu bezahlen. Doch so funktioniert das nicht. Um in der Organisation oder der persönlichen Karriere voranzukommen, erfordern Entscheide eine gute Portion Mut und Standfestigkeit. Das Problem ist in solchen Situationen nicht das Zweierdilemma (»Mach dieses oder jenes«), sondern unsere Weigerung, eine wichtige Spielregel des Lebens zu akzeptieren: »Du bist frei und damit verantwortlich für deine Entscheide und deren Konsequenzen. Jede Entscheidung hat Konsequenzen und damit ihren Preis.«

Wir hätten gerne Entscheidungen, die nichts kosten und keine Angst machen. Die Angst selbst ist dabei weniger das Problem, sie gehört zum Reifungsprozess. Schwierig wird es, wenn wir uns angewöhnen, die Entscheide zu treffen, die am wenigsten Angst einflößen. Dann besteht die Gefahr, dass wir mangels Wagemut wichtige Vorhaben nur halbherzig anpacken – und das Leben verpassen.

Die Stunde der Wahrheit

Als Verstandesmenschen sind wir versucht, Berechnungen anzustellen, Pro und Contra abzuwägen und Plausibilitäten zu prüfen. Entscheide sollen ja nicht wie aus der Wundertüte kommen. Doch stets bleibt ein Rest Treibschnee, der unkalkulierbar geschichtet ist und Unerwartetes auslösen kann. Eben deshalb ist Mut gefordert. Das gilt für alle anspruchsvollen Entscheidungen – in Organisationen genauso wie bei biografischen Wegkreuzungen.

Der Aufbruch in die Next Society ist eine solche weittragende Entscheidung. In turbulenten Zeiten, wenn die Digitalisierung die vertrauten Fundamente auflöst, ist es riskanter, nichts zu riskieren. Unweigerlich kommt der Punkt, an dem Handeln angesagt ist. Der Heldenreise nach innen, dem Sich-selbst-Erkennen, folgt nun die Stunde der Wahrheit: Es braucht den Mut, den Neustart tatsächlich zu machen.

Mut und mögliches Scheitern führen uns an die Grenzen unserer Möglichkeiten. Dorthin, wo wir am lebendigsten sind. Hier können wir von Bergsteigern lernen, die sich intensiv mit dem Thema Mut und Angst auseinandersetzen. Der Extremkletterer Alexander Huber hat darüber ein Buch mit dem provokanten Titel »Die Angst, dein bester Freund« geschrieben. »Als Bergsteiger brauche ich die Angst, sie ist mein zuverlässiger Berater.« Sie steht ihm zur Seite, treibt ihn an, zwingt ihn zur Umkehr. Für Alexander Huber ist sie Schutzschild, Motivation und Katalysator für ein erfülltes Kletterleben. Große Bedeutung hat für ihn die exakte Vorbereitung. Ein gefährliches Wegstück spielt er mehrfach durch. Er überlegt genau, an welcher Stelle er noch umdrehen kann und ab wo es kein Zurück mehr gibt. Reflektieren, Planen und Antizipieren sind enorm wichtig. Auch vor Ort prüft er noch einmal die Situation. Fühlt er sich nicht sicher, kehrt er um. Denn er weiß, wenn er nach dem ersten Griff zaudert, stürzt er ab. Im entscheidenden Moment jedoch gibt es nur eines: Tun! Jetzt weiß er, auf die nächsten 60 Sekunden kommt es an. Da muss jeder Griff sitzen. Ein mutiges Buch in einem neuen Ton.

Das Vorbild des Bergsteigers kann für Ihre Reise in die Next Society eine gute Anregung sein. Bereiten Sie den nächsten Schritt sorgfältig vor, spielen Sie kritische Situationen in Gedanken alleine und mit Ihrem Team durch. Dann aber gilt: »Der Augenblick ist gekommen, heute ziehen wir es durch!«

Schlusswort

Wir sind am Ende einer langen Tour. Einen ganz herzlichen Dank, dass Sie mir über alle Hürden und Wegverzweigungen gefolgt sind. Auch dass Sie – vielleicht mit einem gewissen Augenzwinkern – meine kritischen Anmerkungen zur Rolle des Mannes ebenso nachvollzogen haben wie die Dekonstruktion des Helden vergangener Tage.

Führungsfragen, so ist im Verlauf der Tour deutlich geworden, sind ab einer gewissen Ebene auch Lebensfragen und damit sehr persönliche Fragen. Ihnen tritt man am besten ernsthaft, verantwortlich und auch etwas asketisch gegenüber. Der eine sucht hierzu das Gespräch mit einem vertrauten Partner, ein anderer geht alleine in die Natur, bevor er die Entscheidung trifft. Auch das ist ein guter Weg. Moderne Exerzitien sozusagen. Natürlich lässt sich die Antwort auch in einer Gruppe finden.

Eine solche weitreichende Entscheidung steht auch an, wenn Sie überlegen, zur Next Society aufzubrechen. Mein Anliegen war es, hierzu Anstöße zu geben und Sie auf den Weg zu geleiten. Also den Prozess in Gang zu bringen, der Sie dorthin bringt.

Das Abenteuer beginnt mit der Heldenreise nach Innen. Sie wollen das Mögliche ausloten, das in Ihnen schlummert? Dann gehen Sie dorthin, wo tief innen das Unbehagen, die Ängste sitzen. Und stellen Sie sich achtsam vor, wie Sie handeln, wie Sie weitergehen. Wie fühlt sich das an? Besser oder schlechter als davor? Eindeutig besser? Dann befreiter? Haben Sie den Eindruck, Sie sind jetzt mit sich im Reinen? Kann das der Weg sein?

Wenn ja, dann los, mit Energie und Leidenschaft, mit Standfestigkeit und Klarheit!

Was dieser Aufbruch wert ist, werden Sie erst feststellen, wenn die Zukunft eingetreten ist. Wie nachhaltig das Ergebnis ist, wie gelungen es ist, ob es überhaupt eines ist, ob sich ein weiterer Pfad geöffnet hat – oder ob es eine Sackgasse war, in die Sie erhobenen Hauptes hinein und wieder herausspaziert sind: Das alles wird sich erst später finden.

Möchten Sie mir nach der Lektüre etwa mitteilen, Einspruch einlegen oder von Ihren Erfahrungen berichten? Gerne per E-Mail: info@wolfgang-zimmermann.com. Ich freue mich über Rückmeldungen, Kritik, Provokationen oder den Gedankenaustausch mit Ihnen.

Murnau, im September 2016

Wolfgang Zimmermann

Thesen und Provokationen: Organisationen in Bewegung

Eine kleine Einladung zum Handeln:

- Zum Markieren der Thesen, denen Sie zustimmen,
- zum Notieren, welche Schritte Sie unternehmen möchten,
- zum Zusammenfassen, zum Reflektieren, zum Kritisieren.

Gesellschaft

1. Achten Sie in Ihrer Organisation auf *#vielfältige Kontaktpunkte* tief in die *#Next Society* hinein.

Beweglich zu bleiben heißt, Netzwerke zu pflegen und mit vielen gesellschaftlichen Anspruchsgruppen und Szenen verbunden zu sein. Dies erhöht zwar die Komplexität (die ohnehin ständig mitläuft), hält aber lebendig und sensibilisiert auch für schwache Signale.

2. Sorgen Sie dafür, dass Ihre Organisation einen *#gesellschaftlichen Nutzen* stiftet.

In einer hochgradig vernetzten Welt überleben kooperative Systeme besser als Systeme, in denen sich Gewinner und Verlierer gegenüberstehen. Wirtschaftsorganisationen dürfen sich künftig nicht nur am Ertrag orientieren, sondern stehen mehr denn je in einer gesellschaftlichen Verantwortung. Im Fadenkreuz steht das Dreieck der Nachhaltigkeit aus sozialer, ökologischer und ökonomischer Verantwortung.

3 Versichern Sie sich der #*Wurzeln Ihrer Organisation* und verleihen Sie ihr #*Flügel in die Zukunft*.
Laden Sie die Idee Ihrer Organisation zur Marke auf, mit Ecken und Kanten und wenn möglich mit einer attraktiven Kultur für Ihre Community. Achten Sie dabei auf eine tiefgründige Erfassung der Nutzenstiftung und des Sinns Ihrer Marke – und vertreten Sie dies mutig.

Organisation

4 Teilen Sie große Organisationseinheiten in wendige Teilbereiche.
In einem Umfeld, in dem sich Konstellationen dauerbeschleunigt rekonfigurieren und Überraschung die einzig stabile Konstante zu sein scheint, braucht es eine bewegliche und agile Organisation. Das lässt sich am besten durch kleine autonome Einheiten mit »flüssigen« Strukturen erreichen.

5. Ermutigen Sie Vielfalt und #*Querdenker*.
Meistens sind es die Querköpfe und Unzufriedenen, die Neues anstoßen und sich für Innovationen stark machen. Sie schauen mit anderem Blick auf die Welt und entdecken so neue Lösungen. Achten Sie daher auf eine Kultur und auf Systeme, die Querdenkertum fördern. Geben Sie Querdenkern Schutzräume, legitimieren Sie Abweichungen.

6. Innovieren Sie Ihre *#Erfolgs- und Anreizsysteme* um eine längere Zukunftsperspektive.
Es muss ja nicht wie in »Amazonien« sein, aber Disruption ist nicht auf ein Jahr planbar, auch nicht als Punktlandung budgetierbar. Beziehen Sie auch mit ein, dass Projekte scheitern können – und dass Scheitern nicht das Ende bedeutet. Etwas geht immer!

Führung

7. Führung ist *#Mannschaftsport*, stellen Sie deshalb auf *#Führungsteam* um.
Verhelfen Sie auch im Management der Teamidee zum Durchbruch. So lässt sich erreichen, dass die stets anzutreffenden Alphatiere sich nicht zu schnell erschöpfen oder vom Weg abkommen. Wenn das Konkurrenzdenken im Management es erfordert, können Sie auch einen zeitlichen Pakt schließen – nach dem Motto: »Bis zum ... ziehen wir an einem Strang und sind gemeinsam stark.«

8. Stärken Sie *#Vertrauen*, reduzieren Sie Angst.
Die Widerstandsfähigkeit Ihrer Organisation hängt stark von einer angstfreien und vertrauensvollen Kultur ab. Ein solches Umfeld fördert unternehmerische Risikobereitschaft. Differenzen werden angesprochen, Informationen gerne geteilt, man ringt um die beste Lösung. Hinfallen ist erlaubt, baldiges Aufstehen wird aber erwartet.

9. Erfinden Sie *#Kontrolle* neu.
In einer klassischen Liniensteuerung stellt Kontrolle das letzte Glied in einer Kette dar. Sie kommt daher häufig zum falschen Zeitpunkt. Ersetzen Sie diese Art der Kontrolle durch ein Vorgehen, das einem Monitoring sowie einem Feedback- und Lernprozess gleicht. So lassen sich unerwartete Erfolge und Misserfolge zeitnah erkennen.

Innovation

10. Setzten Sie sich der *#Vielfalt* aus – und halten Sie es aus ... wie die guten Fußball-Teams.
... ja sogar bis hin zu Diversity x.0! Sprich: bis zur Frage, welche Qualifikationen und Qualitäten braucht es in 5 bis 10 Jahren (zum Beispiel kaum mehr den klassischen Banker, auch nicht mehr den klassischen Vertrieb, dafür eher den Datenanalysten und Verhaltenswissenschaftler).

11. Werden Sie Leader beim Thema Innovation *#Eva-luation*.
Für eine erfolgreiche Führung braucht es ein neues Arrangement zwischen Frauen und Männern. Fast ein Tabu – aber damit könnten sich auch Chancen ergeben für neue Formen eines gedeihlichen Wirtschaftens.

12. Soziale Innovation für SIE: *#Innovation Mann*.
Eine zentrale Herausforderung für eine zukunftsfähige Führung ist es, wie es den Männern gelingt, ihre Rolle im Bereich der Führung neu wahrzunehmen. Dies gilt besonders für die oberen Führungsetagen. Jenseits des Helden, auf Augenhöhe, ernsthaft entlang der Sache, ohne Männerspiele, mit Sensibilität und Klarheit, mit Empathie und Rückgrat.

Steuerung und Entscheidung

13. Werden Sie in allen Arbeitsweisen *#radikal agil* und *# prozesshaft*.
Just do it – also anfangen, rasch handeln und auswerten, justieren und nachsteuern. Reflect and act! Eher wie ein Wildwasser als ein breiter Strom. Es geht um gemeinsame Eignerschaft im Team, um schnelle Entscheide entlang der Sache und mit wenig administrativen Hürden.

14. Nur aus innovativen Formen der *#Strategiearbeit* kommt auch der Anstoß zur Innovation.
Innovative Strategiearbeit heißt: weg vom traditionell linearen Prozess, weg vom strikten Analyse-Ziel-Mittel-Schema hin zu Entwicklungsrichtungen, Korridoren, Leitthemen, Ambitionen, Experimenten, shared goals. Flankierend dazu gehört ein laufendes Monitoring, das Erfolge, Misserfolge, Sackgassen oder Lichtblicke rasch identifiziert und damit eine Grundlage für Lernen und Steuerung bietet. Erst, wenn Sie genug wissen, planen Sie en détail.

15. Sorgen Sie für eine *#breite Mitwirkung* – nicht als Mode, sondern aus Notwendigkeit, weil es in der Next Soxiety anders nicht mehr geht. Lassen Sie an Vorhaben oder Entscheidungen viele Betroffene mitwirken – aus klarem Kalkül heraus: So fließt die Vielfalt an Perspektiven und Know-how ein. Und noch wichtiger: Nur auf diesem Weg erreichen Sie Mitverantwortung und innere Trägerschaft (ownership) als Quelle der inneren Energie.

Self Leadership

16. Innovieren Sie Ihr persönliches *#Zeitmanagement*.
Leitfrage: Wo muss ich persönlich anwesend sein? Wo kann ich noch mehr vertrauensvoll Raum geben? Und die aufgeklärte Form: Wie kann ich den Aufwand für machtpolitische Präsenz an Terminen, also ein Art Raumdeckung unter Kollegen, reduzieren?

17. *#Innovate yourself* – erneuern Sie sich selbst.
Üben Sie sich in der Kunst, Lebenszwischenbilanz zu ziehen – und schulen Sie sich in der Kunst, sich selbst aus der Komfortzone zu bewegen. Wer 100 Prozent Success ist, hat noch nie versucht, an seine Grenzen zu gehen. Denn an die Grenze zu gehen, schließt die Möglichkeit von Rückschlagen ein. Nutzen Sie dann die Orientierungsenergie für mutige nächste Schritte, lassen Sie aber auch das Menschenrecht auf Unbehagen und Ängste zu. Angst hat durchaus ein Lob verdient, denn Mut und Angst sind untrennbar miteinander verbunden.

18. Das System hat ein Gesicht: Es ist Ihr Gesicht – eine neuere, vielleicht auch ein Stück *#weisere Version* von Ihnen selbst.
Agilität beginnt im Kopf und dafür braucht es keine neuen Helden, auch nicht den Mythos der Digital Natives (viele dominante Topakteure der Digitalisierung sind jenseits der 40 oder auch 50 Jahre). Es kommt vielmehr auf die innere Haltung an: neugierig sein und bleiben, fragen, erkunden, schnuppern, versuchen, dabei in sich ruhend, in guter Distanz, aber voll engagiert der Sache wegen. Es ist die Haltung eines klugen und entscheidungsfreudigen Expeditionsleiters, der Neuland betritt.

Change Management (oder: robuste Schritte vorwärts)

19. Holen Sie die *#Macht* aus der dunklen Ecke, und zwar insbesondere die *#Gestaltungsmacht*.
Nutzen Sie die Macht nicht als Gelegenheit zur Selbstdarstellung oder für Rachefeldzüge. Sie ist ohnehin nur geliehen. Nehmen Sie Macht als Bürde und Würde in einem, üben Sie sie bewusst und bescheiden aus – so lange, bis Sie Ihre Position und Ihr Werk an einen Nachfolger übergeben. Setzen Sie die Macht verantwortungsbewusst ein, vermeiden Sie die oft anzutreffende Sorglosigkeit nach dem Motto »Nach mir die Sintflut«.

20. *#Agilität* braucht Festigkeit und Mut.
Je mehr Sie in der Führung auf Agilität, Beweglichkeit, Flexibilität und Anpassungsfähigkeit umstellen, desto mehr Mut benötigen Sie. Es braucht die Festigkeit, den Rahmen zu halten und die verbliebenen Regeln klar einzufordern, ebenso braucht es Ehrlichkeit in der Kommunikation und im Feedback. Festigkeit und Mut heißt auch, klar für die Folgen einer Entscheidung einzustehen.

21. Denken und gestalten Sie *#Change Management* neu.
Change Management bedeutet nicht nur den groß angelegten Umbau, sondern sollte zu einer Daueraufgabe werden – zu einer achtsamen Dauerbeweglichkeitsübung, um zu vermeiden, dass die Beharrungskräfte wieder die Oberhand gewinnen. Achten Sie darauf, dass der Wandel von vielen getragen wird. Dies gelingt eher mit einer Haltung des Wollens, nicht des Müssens.

Literatur und Quellen

Da das Zukunftsfeld noch nicht vermessen ist, habe ich aus vielfältigen Quellen geschöpft, um daraus ein eigenes Bild zu entwerfen. Dabei bleibt es nicht aus, auf bereits begangene Pfade zu treffen, denen ich bereitwillig folge, wenn ich sie für tiefgründig halte. Ein Weg wird erst dann gangbar, wenn er mit seinen Stationen insgesamt zu überblicken und plausibel ist, und wenn mir das gelungen ist, kann das auch schon helfen. Um Missverständnissen hier vorzubeugen: Nein, nicht zu einem »Ganzen«, was sollte das auch sein angesichts der ungewissen Zukunft, sondern zu einer plausiblen Landkarte des organisationalen und persönlichen Handelns in Umbruchzeiten. Es gibt eh kein Recht auf den richtigen Weg in die Zukunft.

Allen meinen Inspiratoren, Lehrern und Spurengebern, derer ich mich für dieses Buch bedient habe, möchte ich herzlich danken!

Teil 1 – Heldendämmerung

Das prägende Werk für den ersten Teil ist das Buch von **Gerhard Schwarz** »Die heilige Ordnung der Männer, Hierarchie, Gruppendynamik und die neue Rolle der Frauen« (2007). Das Werk stellt einen Referenzpunkt der Führungsliteratur dar und wird dementsprechend häufig zitiert.

Ebenfalls ein guter Fundus: Stefan Kühl, »Organisation, Eine sehr kurze Einführung, 2011«, mit einer anspruchsvollen Theoriebrille, aber gut lesbar. Auch er bezieht sich am vielen Stellen auf Niklas Luhmann, hier im Original als kleiner Band: Niklas Luhmann, »Der neue Chef, 2016«, mit folgendem Klappentext: »Hilfreich ist die Vorstellung, der Vorgesetzte habe keine Kleider an.«

Für das Thema Generation Y steht **Ursula Kosser** (»Ohne uns: Die Generation Y«, 2014), stellvertretend für eine Reihe von Büchern zu diesem Thema.

Bei den neuen Organisationsformen haben wir das Beispiel Haufe-umantis AG kennengelernt. Einen fundierten Einblick hierzu gibt »Das demokratische Unternehmen«, herausgegeben von **Thomas Sattelberger** und **Isabell Welpe** (2015).

Eine pointierte Provokation – gerade auch für das männerdominierte Management –ist »Das Ende der Männer« von **Hanna Rosin** (2013).

Von der anderen Seite kommend sowie aus soziologischer Sicht thematisiert **Heinz Bude** die tieferen Angstdimensionen (»Gesellschaft der Angst«, 2015).

Das Buch »Die da oben: Innenansichten aus deutschen Chefetagen« von **Barbara Nolte** und **Jan Heidtmann**, mit einigen brisanten, sehr persönlichen Portraits deutscher Topmanager stammt von 2009. Die Personen sind zum Teil abgelöst, die Thematik bleibt.

Teil 2 – Machtverschiebungen
Hier ist an erster Stelle **Dirk Baecker** mit diversen Publikationen anzuführen, u.a. »Studien zur nächsten Gesellschaft« (2007), »Organisation und Störung« (2011) sowie verschiedene Ausgaben der »Revue für postheroisches Management«, später umfirmiert in »REVUE – Magazine for the Next Society«. Die Gedanken zu den Medienepochen sind aus dem aktuellen Arbeitspapier »Ausgangspunkte einer Theorie der Digitalisierung«, Dirk Baecker, Universität Witten/Herdecke, entnommen.

Der hilfreiche Blick des Historikers kommt von **Andreas Rödder** (»Eine kurze Geschichte der Gegenwart, 2015), ein sehr aktuelles Kompendium, und die herausfordernde Lektüre von **Armin Nassehi** »Die letzte Stunde der Wahrheit« (2015). Als Luhmann-Schüler liefert er eine anspruchsvolle Beschreibung der gesellschaftlichen Verhältnisse mit dem Untertitel »Warum rechts und links keine Alternativen mehr sind und Gesellschaft ganz anders beschrieben werden muss«.

Ein breiter Blick auf die digitale Revolution bietet »The Second Maschine Age« von **Erik Brynjofsson** und **Andrew McAfee** (2014), das allerdings aus US-amerikanischer Perspektive geschrieben ist. Der Exkurs zu den Däumlingen stammt aus dem Buch »Erfindet Euch neu!« von **Michel Serres** (2013).

Beim Thema Organisation habe ich einige Gedanken aufgegriffen aus einem Aufsatz von **Thomas Schumacher**: »Organisationsdesigns im postheroischen Zeitalter – Grundlagen und Trends« (erschienen in: Thomas Schumacher (Hrsg.): Professionalisierung als Passion. Aktualität und Zukunftsperspektiven der systemischen Organisationsberatung, 2013), sowie einer Arbeit von **Hans-Peter Korn** (»Die agile Organisation«, www.korn.ch).

Kommen wir zum Kapitel »Agil und zukunftsoffen Führen« mit den Fundamentals der neuen Führung:

Warum manche Unternehmen auch über unsichere Zeiten hinweg langfristig erfolgreich bleiben, haben **Jim Collins** und **Morten T. Hansen** untersucht (»Oben bleiben. Immer.«, 2012) und dabei wesentliche Führungsaspekte herausgearbeitet. Auch das Vorgängerbuch von Jim Collins »Visionary companies, Visionen im Management« ist immer noch einen Blick wert, da es besonders auf das Thema Langlebigkeit von Großorganisationen ausgerichtet ist.

Beim Thema Querdenker habe ich **Peter Thiel** zitiert aus »Zero to One, Wie Innovation unsere Gesellschaft rettet« (2014). Das Lieblingsbuch für Querdenker könnte sein (ist es für mich): »Ganz im Gegenteil – Für Querdenker und solche, die es werden wollen« von **Insa Sparrer** und **Matthias Varga von Kibéd** (2014).

Die Thematik des Vertrauens findet sich für mich am besten wiedergegeben bei **Niklas Luhmann** »Vertrauen, ein Mechanismus der Reduktion sozialer Komplexität« (2014) sowie bei **Martin Hartmann**, **Claus Offe** (Herausgeber): »Vertrauen: Die Grundlage des sozialen Zusammenhalts« (2001). Als klassisches Fachbuch mit breitem Fundus: **Margit Osterloh** und **Antoinette Weibel** »Investition Vertrauen« (2006).

Zum Thema Macht, im Kontext Führung oft wenig beleuchtet: **Byung-Chul Han**, »Was ist Macht?« (2005).

In das Thema Enabling sind viele Gedanken eingeflossen, nennen möchte ich: **Bernard Krusche**, »Paradoxien der Führung: Aufgaben und Funktionen für ein zukunftsfähiges Management« (2008), **Rudi Wimmer**, »Führung und Organisation – zwei Seiten ein und derselben Medaille« (Revue für postheroisches Management, Heft 4).

Besonders erwähnen möchte ich auch die beiden Bücher von **Wilhelm Backhausen**: »Irrgarten des Managements: Ein systemischer Reisebegleiter zu einem Management 2. Ordnung« (2007), sowie »Management 2. Ordnung: Chancen und Risiken des notwendigen Wandels« (2009). Zwei sehr dicht geschriebene, essenzielle Arbeiten zum Thema Wahrnehmung, Führung und systemisches Denken.

Beim Thema Steuerung und Innovation habe ich mich besonders auf **Clayton M. Christensen** bezogen: »The innovator's dilemma« (deutschen Ausgabe von 2011), dann auch auf **Gunter Dueck** »Das Neue und seine Feinde« (2013). Die Fundstellen zum Thema Intuition verdanke ich **Gerd Gigerenzer** aus dem Buch »Risiko: Wie man die richtigen Entscheidungen trifft« (2013).

Der Einschub zum Thema Effectuation stammt aus dem Buch »Effectuation« von **Michael Faschingbauer**: »Wie erfolgreiche Unternehmer denken, entscheiden und handeln (Systemisches Management)« (2013). Ergänzend dazu: **Kurt Buchinger**, **Herbert Schober**, »Das Odysseusprinzip« (2008).

Erwähnt sei auch die Zeitung »Organisationsentwicklung«, stellvertretend für viele interessante Artikel die Ausgabe 2/2015 unter der Überschrift »Das einzig Wahre? Management jenseits der eigenen Logik«, u. a. ein Artikel über multirationales Management. Für Leser und Liebhaber schwieriger Literatur, ohne direkten Bezug zum Buchtext: **Günther Ortmann**, »Management in der Hypermoderne: Kontingenz und Entscheidung« (2009).

Zum Thema Marke gibt es vielfältige Literatur. Meine persönliche Quelle ist **Peter Zernisch**, den ich selbst kannte und sehr wertgeschätzt habe, mit seinem Buch »Markenglauben managen« (2003). Nennen möchte ich hier außerdem »Glaubwürdigkeit im Stakeholder-Management« von **Jean-Paul Thommen** (2015).

Ratgeber und andere Literatur zum Thema Kommunikation sind zahlreich. Erwähnt seien hier: **Bernhard Pörksen**, **Friedemann Schulz von Thun**, »Kommunikation als Lebenskunst« (2014) sowie **Christoph Kleese**, »Silicon Valley: Was aus dem mächtigsten Tal der Welt auf uns zukommt« (2013) – ein Buch, das sich auch zur gesamten Thematik der Zukunft äußerst lohnt.

Zum Thema Leadership der Klassiker von **Hans H. Hinterhuber**, **Eric Krauthammer**: »Leadership: Mehr als Management« (2005). Zu nennen sind außerdem **Sven Grote** (Herausgeber) »Die Zukunft der Führung« (2012) sowie diverse Beiträge von **Dirk Baecker**, u.a. »Das kleine Vademecum: Postheroisches Management« (2015).

Aspekte aus folgenden Studien sind an einigen Stellen eingeflossen: »Zukunftsfähige Führung« (Bertelsmann Stiftung 2015), »Führungskultur im Wandel« (Forum gute Führung 2012).

Teil 3 – Re-Start

Die zentrale Quelle mit Tiefgang ist hier das Buch von **Michael Bordt**: »Die Kunst sich selbst zu verstehen« (2015). Ein philosophisches Plädoyer, den Weg ins eigene Leben zu finden. Ich empfehle das Buch auch, um meine sehr geraffte Darstellung weiter zu vertiefen. Weitere wertvolle Gedanken habe ich einigen Ausgaben des Journals Hernsteiner entnommen, das vom Hernstein Institut für Management und Leadership in Wien herausgegeben wird.

Ein weiterer Fundus mit Tiefgang ist der Reader »Denkstoff« von **Bernhard Pesendorfer** und **Gerhard Schwarz** (2007), der kaum an Aktualität eingebüßt hat. Lesenswert!

Zum Thema Eva-luation habe ich, sozusagen zur Vermessung des Geländes, vieles gelesen, um wenigstens einige potenzielle Tretminen zu vermeiden. Die analytische Seite: »Die Krise der Männlichkeit« von **Horst Eberhard Richter** (2006) und »Viele Männer sind im Mann« von **Lothar Böhnisch** (2006), ein Lesebuch für Männer und Frauen mit einer breiten Themenpalette aus vielen Lebensbereichen. Aus der Fülle der Männerliteratur (ja, auch die gibt es!): »Anleitung zum Männlichsein« von **Andreas Lebert**, **Stephan Lebert** (2007), flott und in launigem Ton geschrieben, ebenfalls breit angelegt. Ein Fundus zum Thema Zeitgeist und Marketing: Die »Männerstudie« des Zukunftsinstituts Kelkheim (2008). Zum Leitthema »Frauen in Führung und Change Management« publizierte die Zeitschrift Organisationsentwicklung (Ausgabe 4/2014) eine Reihe fundierter Artikel, u.a. »Wenn Gleiches unterschiedlich beurteilt wird« von **Isabell M. Welpe**, **Prisca Brosi** und **Tanja Schwarzmüller**. Aus der Perspektive der Frau: »Frauen auf Augenhöhe« von **Barbara Scheider** (2012) sowie »Die Kunst des Aufstiegs« von **Monika Henn** (2012).

Ein wichtiges Buch zum Thema Mut ist »Mut über sich hinauszuwachsen« von **Andreas Dick** (2010).

Die Anmerkungen und Gedanken zum Thema Held sind dem führenden Mythenforscher **Joseph Campbell**, »Die Kraft der Mythen« (2007) entnommen. Einige Gedanken zum Schluss kommen aus dem Buch von **Terézia Mora**, »Nicht sterben« (2014). Es handelt sich um eine Mitschrift der Frankfurter Poetik-Vorlesungen der Autorin zu existenziellen Themen des Lebens, und damit auch des Schreibens.

Dank an alle Autoren und Inspiratoren, ebenso an alle Kunden, Klienten für die Vielzahl an lebens- und praxisnahen Beispiele, die anonym und zum Teil verfremdet in das Buch einflossen sind.

Anhang

Hintergründe zur Studie DeepFinding SE

Einige wesentliche Aussagen dieses Buchs stützen sich auf eine Studie, deren methodische und wissenschaftliche Hintergründe der folgende Anhang beschreibt. An der Studie beteiligten sich 50 Führungskräfte aus großen Unternehmen und Institutionen in Deutschland, Österreich und der Schweiz – 68 Prozent Männer, 32 Prozent Frauen. Im Mittelpunkt standen computerunterstützte persönliche Gespräche mit den Teilnehmern von 90 bis 120 Minuten Dauer. Für interessierte Führungskräfte besteht die Möglichkeit, bei der Fortschreibung der Studie mitzuwirken.

Wissenschaftlicher Hintergrund: Die DeepFinding-Befragungsmethode

Die DeepFinding-Befragungsmethode basiert auf dem 1955 vom US-amerikanischen Psychologen George A. Kelly entwickelten Ansatz, der ursprünglich für Individuen im therapeutischen Kontext in der klinisch-psychologischen Einzelfall-Diagnostik erfolgreich eingesetzt worden ist. Seine Theorie der »Psychologie der persönlichen Konstrukte« betrachtet jeden einzelnen Menschen als Forscher, der aus seiner persönlichen Erfahrung Hypothesen für zukünftige Situationen entwickelt, diese überprüft, bestätigt und eventuell anpasst. Um diese Einstellungen, also die subjektive Wirklichkeit eines Menschen möglichst valide zu erfassen (d.h. ohne bereits getroffene Vorannahmen oder nachfolgende Interpretation), entwickelte er seine Interviewmethode. Auskunftspersonen bringen dabei über ein einfaches Befragungsritual Personen oder abstrakte Ereignisse (Elemente) ihrer Erfahrungswelt durch Beschreiben von Gemeinsamkeiten und Unterschieden (Konstrukte) in eine Abhängigkeitsbeziehung. Bislang hat es jedoch an Werkzeugen und Vorgehensweisen gefehlt, mit denen die Vorzüge der Kelly-Methode auch für die unternehmensinterne Anwendung oder in der Marktforschung in Form von Gruppenanalysen mit einigen hundert Teilnehmenden adaptiert und nutzbar gemacht werden konnten (vgl. Scheer und Catina 1993).

Weiterentwicklung der Methode

Die Weiterentwicklung der DeepFinding-Erhebungs- und Analysemethode orientiert sich zwar an dem Erhebungsverfahren von G. A. Kelly, basiert jedoch auf einer eigenständigen wissenschaftlichen Weiterentwicklung im Rahmen eines interdisziplinären Teams aus den Bereichen Psychologie, Mathematik, Informatik und Philosophie (siehe Abb.).

Kriterien	Repertory Grid-Methode	Unsere Weiterentwicklung
Erhebung	triadische Erhebung: ermöglicht eine völlig offene Erhebung ohne Vorgaben (Unterschiedsbildung), die die Befragten in deren Antwortmöglichkeiten in keiner Weise einschränkt.	triadische Erhebung wie in der Basis-Methode, allerdings softwaregestützt
Vertiefen	nicht vorgesehen	die Lösung des Semantikproblems unterschiedlicher Wortbedeutungen: Durch Vertiefung der Aussagen (Begriffe/Konstrukte) mittels systemischer Fragetechnik und lösungsfokussierter Reflexion werden der Auskunftsperson unbewusste Handlungsmuster während der Erhebung bewusst und artikulierbar.
Bewerten	Bewertung auf einer selbst entwickelten Skala: die subjektiven Äußerungen werden von den Befragten innerhalb selbst entwickelter Entscheidungsdimensionen während der Erhebung bewertet.	Bewertung wie in der Basis-Methode, allerdings softwaregestützt
Gruppen-anlyse	nicht vorgsehen	Gruppenaussage: Die Einzelaussagen werden durch eine mathematische Gruppenanalyse zu einer Gesamtaussage zusammengeführt.
Handlungs-optionen	nicht vorgesehen	konkret umsetzbare Handlungsoptionen: Diese werden während der Erhebung mit den Befragten entwickelt und unverfälscht, ohne Interpretation des Auswertenden an den Auftraggeber rückgemeldet.
IT-Unterstützung	nicht vorgesehen	State-of-the-Art -Technlogie als webbasiertes Tool

Vertiefung der Methode: Erhebungsprozess

Mit dieser speziellen Methodenentwicklung bietet DeepFinding eine wissenschaftliche Antwort auf die Problematik, wie psychologische Einstellungen verlässlich und unverfälscht erfasst werden können. Vordefinierte Fragen, wie z.B. in Fragebögen, reichen nicht aus, um Einstellungen bewusst und aussprechbar zu machen. Das psychologisch-mathematische Verfahren löst eine Unterschiedsbildung bei den Auskunftspersonen aus und somit eine starke Reflexion zur Bewusstwerdung von Einstellungen, die danach artikuliert werden können. Die Erhebung läuft in drei Schritten ab (siehe folgende Abb.): Die Auskunftsperson wählt im ersten Schritt aus drei Elementen (Triade) zwei für sie relevante aus, bildet dazu im zweiten Schritt einen Begriff (Satz oder Wort) und auch den Kontrast (das Konstrukt). Dazu beschreibt die Auskunftsperson die Konstrukte in ihren eigenen Worten, somit wird die Wortbedeutung der Begriffe in beobachtbaren Handlungen deutlich. Im dritten Schritt bewertet die Auskunftsperson innerhalb der von ihr selbst entwickelten Begriffsdimensionen (Konstrukte) jedes Vergleichselement intuitiv. Die drei Erhebungsschritte wiederholen sich mehrmals und daraus entsteht eine Matrix (übernächste Abb.) aus Vergleichselementen und frei genannten Beschreibungsdimensionen (Konstrukten).

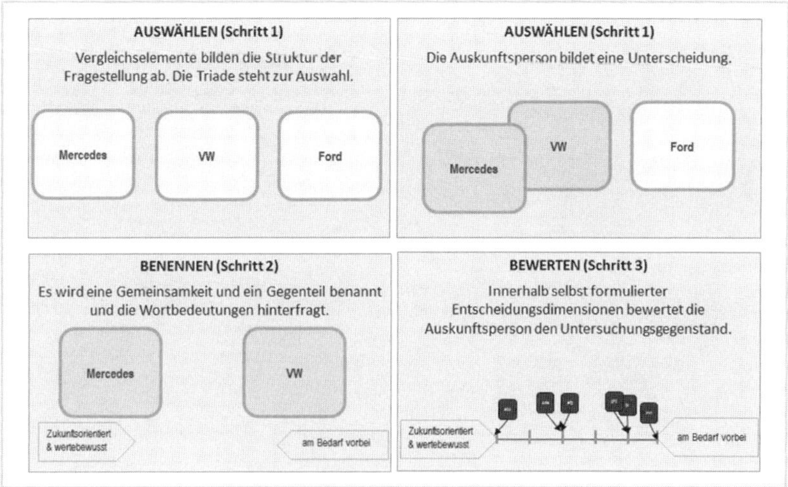

1 2 3	Diese Marke würde ich kaufen	VW	Mercedes	Opel	Toyota	Ford	Diese Marke würde ich nicht kaufen	Hyundai	4 5 6
zukunftsorientiert & wertbewusst	1	3	1	4	4	3	6	4	am Bedarf vorbei
Vorreiterrolle	2	4	1	5	2	3	6	4	Mitläufer
Freude am Fahren	1	4	1	6	4	4	5	4	Zweckauto
Familienauto	3	1	2	1	1	1	1	2	ein besonders sportliches Luxusauto
sportlich	2	3	5	4	3	3	6	5	Seniorenauto
Understatement	3	1	5	1	2	2	1	2	Protz
Wertarbeit	1	1	1	5	5	2	6	6	Billiprodukt

Vertiefung Methode: Gruppenanalyse

Trotz dieser freien Wahl der Beschreibungsdimensionen können aufgrund der konstanten Vergleichselemente mehrere dieser individuellen Matrizen zusammengefasst und auf gruppenspezifische Musterbildungen hin analysiert werden. Obwohl die Erhebung auf den ersten Blick einer qualitativ ausgerichteten Vorgehensweise folgt, kann die Auswertung auch quantitativ erfolgen, z. B. durch statistische multivariate Verfahren.

Methodenvertiefung – Stichprobengröße und Validität:

Um persönliche Einstellungen, wie z. B. zu Führung, zu einem Arbeitgeber, zur Zusammenarbeit oder zu Produkten und Marken, sichtbar zu machen, ist weniger eine statistische als eine psychologische Repräsentativität wichtig. Sie sichert, dass die Erhebung alle relevanten Aspekte abdeckt, um das Thema umfassend abzubilden. Das hybride DeepFinding-Verfahren kann weder eindeutig als qualitative noch als quantitative Methode eingeordnet werden, sondern verbindet die Vorteile beider Richtungen innerhalb einer Methode und stellt so ein hybrides Verfahren dar. Bezogen auf Reliabilität und Validität gibt es verschiedene Quellen und Nachweise. Zum Beispiel fassen Guest, Bunce und Johnson (2006) die Empfehlungen in der Fachliteratur folgendermaßen zusammen: Für kultur- und ethnowissenschaftliche Studien sollten 30 bis 50 Interviews durchgeführt werden (Morse 1994, p. 225); nach Bernard (2000, p. 178) umfassen die meisten Stichproben in diesem Forschungsfeld zwischen 30 und 60 Interviews. Für auf der Grundlage der Grounded Theory durchgeführte Studien empfehlen Creswell (1988, p. 64) 20 bis 30 und Morse (1994, p. 225) 30 bis 50 Interviews. Für phänomenologische Studien werden von Creswell (1988,

p. 64) Stichprobengrößen zwischen 5 bis 25genannt; Morse (1994, p. 224) empfiehlt hier mindestens 6 Interviews durchzuführen. In der Regel ist bereits nach 10 bis 15 Interviews das thematische Spektrum ausgeschöpft, sodass weitere Interviews zu einer verlässlichen Gewichtung der gewonnenen Aussagen genutzt werden können (Verbindung von qualitativ und quantitativ). Hinsichtlich der Musterbildung von Vergleichselementen wies beispielsweise Sperlinger (1976) eine Retest-Reliabilität von 0.95 nach. Die bisherigen Erfahrungswerte in der Forschung und Anwendung belegen die hervorragende inhaltliche Aussagekraft des Basisprinzips von George Kelly (auf dessen Wurzeln die DeepFinding-Methode aufbaut). Relevante Ergebnisabweichungen oder gravierende Widersprüche zu parallel durchgeführten Vergleichsmessungen mit standardisierten Fragebögen und anderen Verfahren wurden bislang nicht festgestellt (vgl. Peter Kruse 2008). Die Aussagekraft der von DeepFinding durchgeführten Untersuchungen wird weiterhin dadurch gestützt, dass sich die zentralen Ergebnisse bereits in den Vorauswertungen der 5-10 Testinterviews (die bei jedem Projekt durchgeführt werden) abzeichnen, was ebenfalls als ein deutlicher Hinweis auf Saturierung gewertet werden muss.

Auf einen Blick: Die Kerneigenschaften der Methode

- Ein offener Erhebungsprozess ist ohne Vorgaben und ohne Einschränkung gegeben.
- Trotz offenem Erhebungsprozess ist eine mathematisch-statistische Gruppenanalyse möglich.
- Die Methode liefert Zugang zu tiefer liegendem Wissen, bewusste Entscheidungskriterien werden nutzbar.
- Hoch valide Daten zur Unternehmenssteuerung und damit hoher Kundennutzen bleiben erhalten.
- Laufende Weiterentwicklung und Orientierung in variablem Umfeld werden durch Evaluierung zu unterschiedlichen Zeitpunkten möglich.
- Praktikabilität ist in der Praxis gegeben, große Stichproben können zeitlich und ökonomisch vertretbar ausgewertet werden.

Kontakt

Die Studie *Führung Zukunft* wurde von DeepFinding SE durchgeführt, einem wissenschaftlichen Unternehmen, das sich auf die Förderung innovativer

Unternehmensentwicklung und eindeutiger Marktpositionierung durch Einbeziehung von implizitem Wissen spezialisiert hat.

- Kontakt für Deutschland: Gabriela Pesch, DeepFinding SE, Tel: 0049 89 3398 061 22, gabriela.pesch@deepfinding.de;
- Kontakt für Österreich & Schweiz: Matthias Bauer, Tel: 0043 1 880 33 26, Matthias.Bauer@deepfinding.at

Summary der Studie: Zukunft Führung aus männlicher und weiblicher Sicht, D, A, CH

Von allen befragten Führungskräften aus D, A, CH wird Führung zukünftig mit eindeutiger Zielfokussierung auf das Unternehmensziel, einer vertrauensvollen Unternehmenskultur und ausgeprägter Sozialkompetenz der Führungsperson beschrieben. Sie sehen eine hohe Fehlertoleranz, die Mitarbeitern eingestanden werden soll, als den Innovationstreiber schlechthin. Fehler machen dürfen erhöht die Produktivität, weil Versagensangst verschwindet.

Die Führungsperson muss in der Lage sein, den Menschen und nicht nur den Arbeitenden in den Mittelpunkt der Führung zu stellen, soll Coach und Sparringpartner auch für private Themen sein, kommunikationsstark und entscheidungsbeständig (Männer) sowie entscheidungsstark (Frauen) auftreten. Führung wird verbunden mit Authentizität im Vorleben klassischer Werte (wie Mut, Selbstbestimmung und sozialer Verantwortung), Vorbildfunktion, dem Einhalten von Zusagen und einem Blick auf das Ganze. Unausgesprochene Themen wahrnehmen und aufgreifen, sind ebenfalls geforderte Voraussetzungen für eine Führungsperson.

Männliche Führungskräfte beschreiben dazu noch Innovation als wesentlichen Treiber für Führung in der Zukunft sowie das Fördern von Talenten und ein neues Lernen, das sie mit Transferlernen bezeichnen. Dieses Lernen bringt Theorie und Tools mit praktischen Fallbeispielen in Einklang und simuliert und übt Entscheidungssituationen aus der Praxis.

Weiblichen Führungskräften ist zusätzlich die positive Verbindung von Familie und Beruf wichtig, sie fordern von Mitarbeitern Commitment zum Unternehmensziel und wünschen sich eine bewegte Organisation, die bei veränderten Rahmenbedingungen flexibel auf die Umwelt reagieren kann. Sie kritisieren die zweite Führungsebene als machtlose »Sandwichposition«, die mit mehr Mitteln und Tools für die Umsetzung von Strategien ausgestattet werden müsste.

Führungskräfte stehen im Spannungsfeld zwischen der Gewährung von Entscheidungsfreiheit, um Mitarbeiter einzubeziehen und sie zu motivieren, und der Vorgabe und Kontrolle klarer und oft strikter Regeln und Rahmenbedingungen, die von Mitarbeitern explizit gefordert werden.

Anmerkungen

1 Gerhard Schwarz, Die heilige Ordnung der Männer, Hierarchie, Gruppendynamik und die neue Rolle der Frauen, 2007.
2 Ebda.
3 Stefan Kühl, Organisation, Eine kurze Einführung, 2011.
4 Süddeutsche, 13./14.6.2015.
5 Ebda.
6 Thomas Sattelberger und Isabell Welpe, Das demokratische Unternehmen, 2015.
7 Ebda.
8 Ebda.
9 Signium International (Hrsg.), Generation Y — Das Selbstverständnis der Manager von morgen, 2013.
10 Schwarz, a.a.O.
11 brand eins, Ausgabe 2/2014.
12 Niklas Luhmann, Der neue Chef, 2016.
13 Brand eins 2/2014.
14 Brand eins, 3/2015.
15 Süddeutsche Zeitung, 20. 01.2016.
16 G. Schwarz, a.a.O.
17 Brandeins 02/2014.
18 Süddeutsche Zeitung, 10.12.2015.
19 A Theory of „Yes-Men", in: The American Economic Review 09/1993.
20 Bernhard Pesendorfer (Hrsg.), Pesendorfer & Schwarz — DENKSTOFF, St. Gallen 1997.
21 http://www.handelsblatt.com/unternehmen/management/panikattacken-wenn-manager-angst-haben/2729774.html.
22 Pesendorfer, a.a.O.
23 http://www.forum-gute-fuehrung.de/community-beitraege/postheroisches-management-auf-dem-vormarsch.
24 Dirk Baecker, Ausgangspunkte einer Theorie der Digitalisierung, Arbeitspapier 2016.
25 Vgl. u.a. Backhausen, Irrgarten des Managements, 2007, sowie Management 2. Ordnung, 2009.
26 Zitschriften eines gemeinsamen Termins mit Dirk Baecker in Zürich.
27 http://www.siemens.com/innovation/de/home/pictures-of-the-future/digitalisierung-und-software/internet-of-things-fakten-und-prognosen.html.
28 Thomas Schumacher, Organisationsdesigns im postheroischen Zeitalter — Grundlagen und Trends, erschienen in: Thomas Schumacher (Hrsg.): Professionalisierung als Passion. Aktualität und Zukunftsperspektiven der systemischen Organisationsberatung, 2013.
29 Schumacher, a.a.O.
30 www.wikipedia.de.
31 Süddeutsche Zeitung vom 9./10.04.2016.
32 NZZ Folio zum Thema Sponsoring, März 2011.
33 Peter Thiel, Zero to One, Wie Innovation unsere Gesellschaft rettet, 2014.
34 Dirk Baecker in: Bernhard Krusche: Paradoxien der Führung. Aufgaben und Funktionen für ein zukunftsfähiges Management, 2008.
35 Jim Collins und Morten T. Hansen, Oben bleiben. Immer, 2012.
36 Zitiert aus: Byung-Chul Han, Was ist Macht?, 2005.
37 Ebda.
38 Wilhelm Backhausen: Management 2. Ordnung: Chancen und Risiken des notwendigen Wandels, 2009.
39 Handelsblatt, 29.6.2016.
40 Paul Watzlawick, Jannet H. Beavin, D. Jackson: Menschliche Kommunikation, 1974.

41 Clayton M. Christensen, The innovatior's dilemma, 2011.
42 Süddeutsche Zeitung, 7.03.2016.
43 Hans-Peter Korn, Die agile Organisation, Arbeitspapier (www.korn.ch).
44 Süddeutsche Zeitung, 2.2.2016
45 Michael Faschingbauer, Effectuation, 2013.
46 Dirk Baecker, a.a.O.
47 Gerd Gigerenzer, Risiko: Wie man die richtigen Entscheidungen trifft, 2013.
48 Ebda.
49 ZEIT 1.10.2014.
50 Niklas Luhmann, Vertrauen, 2014.
51 Die Welt, 05.03.15.
52 Louis Vuitton & Marc Jacobs,2012, 2012.
53 Hans H. Hinterhuber, Eric Krauthammer: Leadership: Mehr als Management, 2005.
54 Dirk Baecker, Das kleine Vademecum: Postheroisches Management, 2015.
55 Ebda.
56 Frankfurter Allgemeine Sonntagszeitung, 17.03.2015.
57 Süddeutsche Zeitung, 4.4.2016.
58 Brand eins, 11/2014.
59 Elizabeth Debold, Es ist Zeit Mensch zu werden, http://www.evolve-magazin.de/blog/elizabeth-debold-es-ist-zeit-mensch-zu-werden/
60 Dr. Elisabeth Debold, EnlightenNext, 003/2012, http://www.enlightennext.de/
61 Süddeutsche Zeitung, 29.07.2014.
62 Andreas Dick, Mut über sich hinauszuwachsen, 2010.